彩妝密碼②

朱正生 | 教妳
四大彩妝攻略

我最喜歡合作的彩妝大師

伊林名模 瓈雅 xiya

　　自從踏入時尚模特兒圈後，經歷了無數場次的走秀演出，在每一次與朱老師合作時，我都特別感到安心、愉快。因為朱老師不但脾氣修養好，彩妝技術更是一流，無論是自然妝或舞台創意妝，甚或是彩繪化妝，朱老師都會事先設計好流程，更會體貼模特兒們，讓化妝過程順暢快速的完成，作品呈現出既專業又美麗的成果。所以每每與朱老師合作時，我都會特別的開心與亮麗。

　　他私底下更是常常指導我們化妝上的撇步與技巧，讓我們在生活與工作都能亮麗的呈現自己。他常稱讚我是最美麗又敬業的模特兒，經常都邀請我參與他的彩妝秀或記者會；我很樂意出席朱老師的場合，心裡更是覺得他才是最專業、敬業的彩妝大師。

　　由於他對彩妝的投入與細膩的心思，朱老師非常善於教導學生找出屬於自己的妝容，並能快速的吸收朱老師從不藏私的珍貴技術，我真的很高興能有這麼多機會與他合作、學習。

　　我相信透過朱老師這本新書，讀者一定能輕鬆的學習彩妝技巧，發現自信快樂的自己。最後祝福每一位擁有此書的妳，都能快速的找到最美的自己。

必勝彩粧術 為自己更加分

知名主播、主持人 何戎

　　美麗，有時「後天」比「先天」更重要！

　　這「後天」指的就是彩妝。因為，不是每個女生從小就是天生麗質的美人胚；但透過彩妝，每個女生都能成為令人驚艷的大美女。

　　最近這幾年，我發現台灣的女孩子越來越漂亮。其中一個原因，我想是因為有越來越多女生知道，適度的化妝，可以將自己修飾地更美麗。

　　但「化妝」並不只是在臉上塗塗抹抹這麼簡單而已，真正專業的「化妝」，是必須讓五官看來更立體，神色看來更清爽亮麗。化妝的箇中學問大，影響力更是不容小覷，光是「眉型」的畫法，就足以影響整個人好看不好看，更遑論眼部與唇部等其他部位的妝法。

　　論彩妝，比女生還要精通的男生並不算多，朱正生老師卻是其中之一，而且還是堪稱大師級的人物。真要謝謝他，再度樂意與所有愛美的女生，大方分享他累積多年的專業彩粧經驗。

照片：青樺提供

　　繼上一本《彩妝密碼》後，朱正生老師這次的新書又為大家帶來更多元的彩妝技巧。很有趣的部分是，他還特別從星座學的角度，分析並建議適合個人的彩妝，實在極富創意。不同星相的女生，可以透過這本書，參考適合自己個性的彩妝與色調。

　　男生都喜歡看漂亮的女生，不過除了看臉蛋，看身材，也看女生的腦袋。聰明的女生，就是懂得用彩妝增加個人魅力，讓看見她的男生，不自覺地就是想多看她一眼。亮麗的彩妝絕對能讓女生更迷人，更充滿對異性的吸引力。

　　想讓自己的美麗更加分嗎？參考朱正生老師的彩粧術必勝攻略，會是個不錯的選擇！

朱老師讓我重新認識彩妝

中天電視台知名主播 陳海茵

　　記得第一次見到朱老師，就覺得哇！怎麼會有這麼帥的彩妝師啊！

　　後來才知道原來朱老師經歷豐富，從醫學院學生到化妝品製造界，再從華航空少變成五分埔的老闆。後來有幾次應報社雜誌的邀請，我還到朱老師位於五分埔的攝影棚拍照呢！

　　這一拍才知道朱老師的彩妝功力了得！

　　一般我們為了上主播台，公司的化妝師都會給我們上很厚的粉底與眼妝，其實我也習慣了那樣的畫法。不過當天拍攝平面照，攝影要求淡妝，我一開始其實很抗拒，當然是因為濃妝慣了，要我化淡妝讓我很沒有安全感。不過朱老師巧手一揮，我赫然發現，其實我淡妝也很好看嘛；而且從中也跟朱老師偷學了幾招化妝小撇步！

　　這回得知朱老師又要出書造福廣大的女性，而且還是教大家星座彩妝的必勝攻略，我自己是獅子座，發現書中為我這個火向女生分析的彩妝技巧，實在是受用無窮。

　　在此期望朱老師繼續出版相關書籍，讓更多女孩受惠，也祝福本書熱賣長銷！

這是本珍貴的美麗使用說明書

Perfect Image形象管理學院總監

美麗是一種自然，
美麗是一種天賦；
美麗潛藏在妳的靈魂深處，
妳需要的只是一把啟動她的鑰匙。

美麗，是女人一輩子的功課。這是我一直相信的事情，雖然
有些女人剛開始對此不一定認同，但當每位女人有機會看見自己
更美麗時，她們眼中總會散發喜悅的光芒。想找到自己的美麗，
就要先找到屬於自己的「美麗使用說明書」，因為世界上沒有兩
個女人的美麗是一模一樣的。就如同沒有兩朵相同的玫瑰一樣，
所以妳的美麗與別人不同，所需展現的方法當然不同。

妳的「美麗使用說明書」可以透過科學化的方式，由專家在
短時間為妳建立，例如什麼色彩適合妳的膚色、什麼款式能讓妳
的身材看起來優美、哪些衣服符合妳的風格、如何找到屬於妳的
彩妝法則。而朱正生老師就是長時間致力於研究女人的生活彩妝
方式，希望藉由彩妝讓女人無時無刻都能站在屬於自己的舞台上

散發光彩的、如此認真的一個人。

　　化妝，是女人必修課，也是女人開啟美麗的一天的重要儀式。因為當妳站在鏡子前看著自己的瞬間，妳就是擁有一段完整與自己相處的時間，並且也只和妳自己相處，畫眉毛時就跟妳的眉毛在一起，塗口紅時妳就和妳的嘴唇在一起；化妝，讓妳和自己的身心靈更貼近了，也在無形中，啟動了潛藏在妳靈魂深處的美麗能量。

　　在追尋美麗的旅程中，聰明的妳，必須懂得用最有效率的工具，打造屬於妳的「美麗使用說明書」。朱老師的這本書，就是根據個人特質給予適當的彩妝方法，讓每個女人找到自我特色、呈現個人風格的一本「彩妝使用說明書」。相信看完這本書的妳，一定能滿載而歸，找到屬於妳的彩妝魔法！

彩繪女人美麗的男人

資深整形外科及美容外科專科醫師

　　女人即使麗質天生，仍需仰賴彩妝予以畫龍點睛，創造令人目光一亮的燦爛光彩。

　　台灣彩妝師如過江之鯽，不過對於朱正生老師崛起的過程，卻令我印象深刻。他採取熱情方式，運用多彩多姿的化妝品色彩，替女人彩繪美麗。身為醫學出身的我，選擇的則是用冷冰、但沈穩的手術刀為女人創造美麗。同為塑造美麗的推手，朱正生老師在色彩繽紛的世界中，盡情揮灑美麗創意的做法，真是羨煞旁人。

　　在當今男人與女人同樣愛美的趨勢潮流中，有人會利用彩妝隨性變換面容，有人則會選擇整形徹底改頭換面。方法雖不同，但對美的追求與堅持卻是一致。若兩種方法皆採用，則會產生1+1大於2的佳效，並可讓整容美化效果跟隨流行，延長美化保固期。不過怕手術腫痛的愛美者，可將此書做為追求自然美麗的指引工具，讓朱正生老師的巧手與獨門技巧，打造屬於你個人的美麗世界。

　　「愛美人人都想要，勇於追求就能美夢成真。」讓美麗變成一種視覺的享受與自信的擁有，只要女人愛美的天性不變，她們對朱正生老師的需求勢必將永遠火紅。

最棒的彩妝老師

靜宜大學化妝品科學系系主任 楊昭順

「能夠將我們所會的都教給學生，是人生最大的成就。」這就是朱正生老師！

促使他每個星期不辭辛勞、不知推掉多少事業上的機會與重要邀約，堅持親自遠赴台中靜宜大學來教育學生，相信正也是這股使命感的驅使。

朱老師的課是眾多學生們心目中的最愛，他總是能夠輕易讓學生在很短的時間內就習得許多彩妝藝術學上的知識與技法，「獨門撇步」更是少不了！聽著學生們爭相訴說著上課時之心得，我想，朱老師是成功的！

適逢朱老師新作發表，身為學生們的主任與朱老師之同事，樂於推薦與大家分享！

讓美活耀、讓美充滿靈魂

伊林模特兒經紀公司專業秀導 錢偉倫

我自己是一位大而化之的人，但身處於時尚伸展台的環境中，因此對於美的質地與感動是非常敏銳的。彩妝絕不是彩色盤，上了顏色就好；差之釐米，失之千里。

朱正生老師的彩妝術，我稱之為「人體彩繪藝術魔法」。他的專業不僅讓彩妝本身精緻豐富，更重要的是鮮活了模特兒的表情、肢體，讓美活躍了起來，讓美充滿靈魂！

時尚、創意、美感，是現代人不可或缺的生活態度，是人們嚮往優質生活的必備觀念。當然，這並不是每個人天生都有的。也許有人天賦多一點，有人遲鈍一點，但是朱正生老師透過簡單的指點，就可以讓大家很容易的抓到訣竅。

女人，該讓自己看起來容光煥發，精神奕奕，跟著朱老師腳步，一步一步成為自信美人！

好的化妝習慣更勝醫學美容

長庚皮膚科主治醫師 鐘文宏

　　皮膚科醫師的專業是幫人治皮膚病，而彩妝師的專業就是讓人如何更漂亮。

　　醫學美容雖然可以除皺、去斑，但還是無法取代化妝術的巧奪天工，因此要讓一個人變漂亮，化妝的知識是必須的。

　　曾有一位女病患和她的爸媽一起來我的門診，她的爸媽覺得女兒因長的不好看、沒女人味，因此相親老是不成功，問我能不能用醫學美容讓她變漂亮，花多少錢都沒關係。我看看她年紀不到四十，皮膚較黑一點，但膚質還不錯，眉毛粗短、臉較寬、不愛妝扮，所以看起來較陽剛，較沒女人味。我告訴她，醫師是可以用雷射除掉太寬的眉毛，但眉型要漂亮還是須要自己常修，而且最好不要偷懶用紋的；因為很多人為追求時髦，紋了一種眉型，過一陣子不喜歡反而很難去的乾淨。臉較寬當然可以透過整型或注射肉毒桿菌改善，但這些都做了也不保證她就可找到好老公。因為美麗是整體的，不會因為局部的修整，整個人就變的很漂亮。所以最後我建議她應學會「化妝」，因為醫學美容也不可能創造百分之百的美麗。

很多女明星卸妝後其實跟一般人沒什麼兩樣；甚至皮膚因長期濃妝豔抹，傷害了肌膚。因此正確的彩妝應是除了讓人更美麗，也兼顧皮膚的健康。

我看過朱老師的書，他的彩妝觀念和一般彩妝師有很大的不同：不會只一味追求時尚流行，也很重視肌膚的自然與健康；並讓大家知道：「別讓短暫的美麗，換來永久的遺憾」！

不認識朱正生之前就常在報章媒體看到他；認識他之後發現他一點架子都沒有，樂於助人也樂於分享他的經驗給別人，有時還會親自請教我一些皮膚學理的問題；他對自己所推廣的化妝保養的觀念保持相當嚴謹的態度，又能時時創新。這也難怪很多政商名流都指定他造型彩妝，能成為彩妝界之大師！

所以很真誠的推薦愛美的女性在追求美麗之前一定要先來看朱老師的這本書！

美麗之道通向生活彩妝

近二十多年來一直環繞在美的相關事務工作下，養成了自己常以美的心情與角度去看事情，也深深覺得很多事情的美醜與好壞往往只存在一念之間，也可說是沒有一個人有著覺對的「美」或「醜」的一生。

天生美麗的人不見得能會終身享有美麗的眷戀；而生來普通之人更可以靠著不斷的學習而越變越美麗。難怪有時許多年輕時稱不上美的朋友，久未謀面近而相遇後卻發現她變得越來越美，原來美麗是可以靠不斷的發掘自我與持續地透過學習，繼而能漸漸散發出最有個人特質的自信之美；那絕不只是流行產物下的一個影子而已，而是屬於自己無可取代的美麗。

透過無數次的將人改造變美的經驗中，不論是國際巨星、政治名人甚或一般的平凡百姓也好，我發現每個人經過適切的改造後，不但只是外表的容光煥發而已，連帶著內在的自信及工作能力似乎都變大了。所以，擁有一個自信的外表，對一

個人的心情與工作能力與態度，甚至機遇影響甚大；同時也深深的讓我因而喜愛上這能讓人變美的工作。

累積十多年的彩粧工作及教學經驗，讓我更覺得最自然而非盲目堆積的「生活彩粧」方式，是為自己帶來自信與改造自我氣色的第一步。一來，並非每人天生五官或肌色生來就完美無缺；二來，歲月與工作帶來的壓力有時也會造成臉上透出的倦容。所以在「自然就是美」的口號下，最自然與生活的化粧方式除了讓您保有自我的特質外，適度而不過度的修飾方法，就成為每位女性朋友在追求美麗時的必修功課。

在我以「生活彩粧」為主題的《生活彩粧》、《幸運彩粧》、《保養彩粧》、《彩粧秘碼》、《美麗金三角》這五本書中，我都曾嘗試用不同的觀念與技巧，希望讓化粧變得更簡單與生活化。就好像美麗是沒有標準，化粧也沒有一定的方法的，別人臉上美麗的顏色不見得在您臉上會出色。雖然科技日新月異，新產品層出不窮，但每人一定還是要找出一種適合自己的化粧方式，而不是只盲目的追求流行。

簡單的手勢、正確的選試用產品，加上不斷的充實新的化粧觀念，就是這本彩粧書想要的出發點。我深切的希望大家在掌握「生活彩粧」的概念後，更能享受生活結合時尚的樂趣。

您會因此發現，化粧樂趣無窮，人生精彩可期。

contents 【目錄】

Part.1 妝前保養

contents 【目錄】

contents 【目錄】

Part.3 四大類型星座魅力彩妝

Part.4 朱老師彩妝講座

contents 【目錄】

妝前保養

為何有些人的妝感，即使到了下午依然不脫妝呢？好多人的妝感很輕透耶！是上妝的方式不一樣嗎？其實，從洗臉時就開始影響一個人的肌膚質感，如果妳的洗臉方式正確，能夠確實的清潔妳的肌膚，並細心做好肌膚的妝前保養；從化妝水、乳液的使用開始，讓肌膚能夠確實的增加保水力，並利用按摩讓臉部更為緊實，呈現完美的輪廓。

適當的妝前保養，可以讓肌膚在短短的十分鐘內，瞬間年輕五歲，並且妝感維持一整天都不容易脫妝。確實做好以下這些基礎步驟，妳將會擁有完美無瑕的肌膚感。

洗臉

只要洗臉的方法正確的話，常洗臉是不會傷皮膚的。許多人害怕洗臉洗多了，會把寶貴的皮脂膜洗掉，其實人的油脂是不斷分泌的，不必擔心會把油脂給洗光。但方法是很重要的，而除了洗臉之外，洗完臉之後的保養也很重要；但保養方法隨季節，環境及膚質狀況而有所不同。

如果妳的肌膚是屬於乾性肌膚的話，可以使用乳液或是面霜來潤澤肌膚。但油性皮膚的人，除了多洗臉之外，連化妝水也可以不必用；但如果感覺肌膚真的很乾燥的話，可以使用化妝水輕輕的拍拭肌膚。總之，肌膚的保養之道應該是要隨著季節的變動而有所不同，這樣才能讓肌膚有最好的狀態。

正確的洗臉方法

　　正確的洗臉方式，可以讓肌膚的髒汙確實的洗去，也可以讓肌膚在洗臉的過程中，利用泡沫來進行肌膚的畫圈由下往上按摩，可以確實洗淨臉部，藉由每日細心的按摩洗淨，也可以讓肌膚更加的拉提緊緻。

　　為了讓洗面乳可以更確實的洗去肌膚的髒污，可以利用沐浴的時間洗臉，讓毛細孔因為水蒸氣而打開，先沾一些洗面乳於手掌搓揉至起泡，或是選擇慕絲狀的洗面乳，可以更深入毛孔。

● 將柔細的泡沫，先塗抹在油脂分泌較多的T字部位，分別是額頭、鼻翼以及臉頰兩側，再利用指腹由T字部位輕輕按摩到臉頰兩側，最後再帶到全臉的部位，讓臉部確實的洗淨。

● 最後，利用乾淨的毛巾，輕輕的將臉部上面的水分，利用毛巾按壓吸收進去。不要大力的塗抹臉部，毛巾用力擦拭，除了會產生不當的摩擦力之外，還會讓臉部因此產生皺紋。

化妝水、乳液

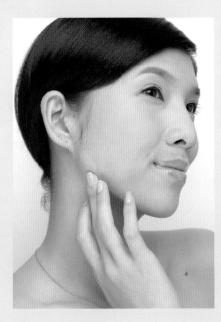

藉由水份，塗在表皮的保養成份，才能滲透毛孔、直達肌膚底層。化妝水有加倍補水的功效，讓乳液等保養品易吸收。洗完臉後，肌膚會暫時略帶鹼性，化妝水可以幫助肌膚恢復正常酸鹼值，讓角質層充滿水分，好幫助接下來其他保養品的吸收。而皮膚保濕能力較差的人皮膚容易乾燥。化妝前就可以再抹些霜狀的物品，讓皮膚因乳液保溼度高一點，彩妝就容易上。

美肌的保水關鍵

　　肌膚的乾荒，讓妳看起來比實際年齡更老嗎？其實肌膚保水度的呈現，除了生活習慣的正常，讓自己有好氣色之外，洗臉後的保養才是關鍵，可以讓肌膚確實呈現透亮的肌膚感。

● 將適量的化妝水，倒在化妝棉上，要確實的將整張化妝棉浸濕，除了可藉以由拍打，讓水分完全的補充角質層的水分，足夠的化妝水，也會減少化妝棉對肌膚的摩擦力。

● 如圖示的方式手拿化妝棉，拍打化妝水，位置分別是臉頰內側緩慢的拍打到臉頰外側，再由額頭輕輕拍打至鼻尖，再帶至鼻翼兩側。

● 為了讓肌膚紋理更加的細緻，使用完化妝水後，再用乳液，順著肌膚紋理，利用指腹或是化妝棉，由臉部中央擦拭到臉頰兩側，會感覺到肌膚的柔軟度。

● 如果妳是屬於乾性肌膚的女性，可以等待十五分鐘，前面的保養成分都確實的吸收了之後，在最後一道保養程序加上乳霜，可讓前面的保養成分保留。

消腫按摩

現代人的生活忙碌，很容易因為缺乏工作以及飲食過量，造成身體的循環變弱；而循環力變弱，會造成身體的水分累積，引起身體的水腫感，往往一天上班八小時之後，就會感覺到下半身的水腫，或是因為前一晚的鹽分攝取過多，讓隔天的臉部呈現明顯的水腫狀態。可以藉由按摩臉部的淋巴，讓臉部達到排毒、消脂的作用，以減輕黑眼圈現象，並能消除臉部水腫情況。手法重點在耳後、下頷骨及頸側淋巴結較多部分。

上妝前的輪廓緊實按摩法

　　藉由按摩淋巴可以排除體內毒素及增加抵抗力；並減低水腫的程度，也可以將微血管無法吸收的蛋白質和脂肪帶走，以免囤積在體內造成肥胖！

■　雙眼消腫小秘訣　■

許多人都有前一晚大哭，或是喝了太多的水，讓眼睛呈現水腫、整個臉部沒有精神的狀態。其實可以藉由按摩，讓雙眼在五分鐘內確實的消腫。

● 取約一粒米眼霜，利用指腹輕輕按壓，由眼下輕輕按壓到眼尾，讓眼霜藉由按摩確實的被吸收。

● 以中指輕輕按壓眉毛下方的穴道，藉由按壓晴明穴，可以消除眼睛疲勞，浮腫感也會相對減緩。

● 以中指以及無名指,輕
壓下眼周,呈現指尖彈
鋼琴的輕柔狀態,可以
加強眼周的血液循環,
讓眼部周圍肌膚更加的
緊實。

● 將調好的精油倒7～8滴
於手掌,順著皮膚的紋
理,先從鼻翼兩側緩而
深地按摩,一直到耳
際,可以讓眼部與臉部
更加的緊實。

● 最後再由額頭沿著臉龐
側邊慢慢到鎖骨,完成
臉部的排毒。 也可順著
皮膚的紋理按壓淋巴較
多的腋下、下肢等處。

■ 臉部消腫小秘訣 ■

按摩臉部的時候，手法要輕柔，隨著呼吸的頻率吸放吐壓，而推動方向應朝著鎖骨，即將淋巴液匯集到胸管流至靜脈。

● 以食指、中指、無名指三指指腹，由眉頭往太陽穴滑，再下拉滑至耳後淋巴結處，按壓頸部連續3次。

● 以三指指腹按壓下頜三點各三次，也可緊實下巴輪廓。

● 以指腹從眉頭到眉尾各按壓
　3次，讓眼部緊實。

● 再以指腹按壓法令紋的部分，並稍微
　往上拉提。

● 以中指壓食指上，由眼頭往
　眼尾方向輕按壓眼窩框3點
　各3次。

Part. **2** 基礎妝

市面上琳瑯滿目的底妝產品，包含各式各樣的粉底液以及粉餅，究竟何種產品才適合我們的肌膚呢？如果是比較乾性的肌膚，可以選擇粉底液，來讓臉部更為緊實，呈現水潤感。如果是比較油性的肌膚，可以選擇粉餅，來呈現一個較為清爽感的底妝。自然而輕透的肌膚，可以讓妳顯得有氣色，妝感也更容易呈現。

　　現在就跟著我們以下的步驟，讓妳的底妝更為服貼持久吧！

讓妳永遠有幸福好氣色：
底妝

底妝就像地基，相當程度決定了臉部表情。台灣女性上底妝的習慣，常犯兩個毛病：底妝不均勻、粉底顏色不恰當；反而使得妝容發揮不了效果。每個女人都想擁有完美膚底，除了有明亮的膚色，還要毛孔細小，但是太多的外在因素，讓女人很難保有一張晶瑩剔透的臉。透過彩妝我們絕對可以補足先天的困擾，而這時候基礎底妝的重要性就更凸顯了，因為底妝將能讓其他彩妝品更發揮效果。

$\mathscr{B}asic$　基礎底妝技巧

■　粉底液上妝技巧　■

1 為了更正確的選擇出自己的膚色，可以將粉底液倒在手背上，最接近自身手背顏色的，則為最適合自己的粉底液，或是以接近脖子膚色的粉底液為考量。

2 為了呈現更輕透的妝感，將粉底液點在臉部需要修飾的地方，以指腹輕輕按壓。

3 以指腹輕輕將粉底液推開，可以讓底妝更為完美。

4 再以柔軟的海綿輕輕按壓，讓底妝更為服貼。

讓妳永遠有幸福好氣色：底妝

■　粉餅上妝技巧　■

1 以粉撲沾取粉餅之後，將粉撲以垂直鼻翼、直立的方式上妝。

2 再將粉撲以輕彈的方式，由臉部中心往臉外側，將粉體均勻的延展。

3 再利用海綿均勻的按壓，讓粉體更能均勻附著於臉部的肌膚上。

4 最後以定妝噴霧，距離臉部大約20CM左右，均勻的左右噴灑。

$\mathcal{L}$esson 1　如何完美遮蓋痘疤及黑斑

1　將蓋斑膏與粉底液，
　 以1：1的比例，在手
　 背上均勻調和。

2　以指腹沾取點上痘疤
　 以及需要修飾處。

3　以指腹均勻的在痘疤的遮
　 瑕處輕壓，讓蓋斑處的邊
　 緣與底妝完美的融合。

4　最後再以蜜粉輕壓，讓
　 底妝更輕薄透亮。

*L*esson2　如何利用三秒內拯救黑眼圈

1 選擇比膚色略淺的遮瑕筆，在眼下以放射狀的方
　式塗抹。

2 再以指腹來回的在眼下按壓，讓遮瑕液可以更服
　貼眼部肌膚。

3 再以微量的粉餅，在眼下輕輕的按壓，才不會有
　膚色不均的問題。

*L*esson3　透明裸妝技巧

 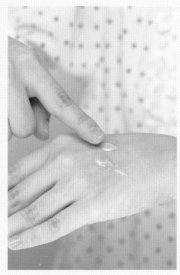 

1　以化妝水輕噴於臉部肌膚，輕輕拍打，讓臉部肌膚呈現飽水的狀態。

2　將粉底液倒在手背上，選出適合自身的膚色。

3　以指腹沾取手背上的粉底液，均勻地上於臉部肌膚。

*L*esson4　珍珠光感底妝，
營造名模般的小臉

1　上完隔離霜之後，以遮瑕筆輕點於臉部黯沉處。

2　以粉撲沾取粉體之後，由臉部中心處，開始上底妝，慢慢延伸到臉部兩側，越往臉部外圍處，妝感越薄透。這樣的上妝方式，會呈現臉部中心透亮，臉部兩側有自然的陰影感。

3　再以保濕水，距離臉部約20CM輕壓，讓臉部中央處的底妝呈現飽水度。

4　再以面紙輕壓臉部，讓臉部底妝更持久，呈現珍珠般的透亮感。

*L*esson5　利用其他彩妝品
營造出裸妝感

化妝的最高境界便是裸妝感，裸妝讓人美麗，卻感覺不到任何彩妝品的存在。以底妝來說，必須順著肌膚的紋理上粉底，在瑕疵處修飾等等，這樣子畫出來的妝才會顯得薄透。裸妝的最高技巧，是讓妳隨時都像在聚光燈下，令人移不開開雙眼。

■　純淨肌膚裸妝感 Skill　■

　　利用眼部專用遮瑕品，將眼睛下方暗沉處打亮，再將白色的眼影，上在眉骨以及眉峰，讓臉部輪廓整體緊緻拉提；利用粉底刷沾上適量的粉底液，在兩頰處順著肌膚紋理往上刷；粉底刷可以幫助粉底液在臉部顯得薄透自然。可以再加上明亮的桃紅色腮紅，會讓妳隨時都有微笑的感覺。珠光感的唇蜜讓唇部有豐滿的感覺，整體的妝感是刻意營造出純淨肌膚的裸妝感。

　　上完隔離霜之後，再將粉底液先上在範圍最大的兩頰，順著肌膚紋理刷薄；將腮紅以C形畫法畫在臉頰處，形成微笑感。最後將珠光感的唇蜜均勻塗滿唇部。

　　眉部以眉粉輕掃即可，以眼褶刷沾取白色的眼影將眉骨打亮。為了更強調肌膚的質感，在內眼瞼位置畫上極細的眼線。眼睛有神，肌膚也會更為透亮。最後上完一層睫毛膏之

後，將睫毛膏以直立的方式，再將眼尾的睫毛刷過一層，上揚的眼睛也會將輪廓拉提，會顯得更年輕。

■ 棕色系裸妝感 Skill ■

深咖啡色的妝感容易讓人看起來老氣，所以要添上自然的氣色。茶紅色的腮紅，可以讓妳在微涼的天氣，依然有著紅潤的好氣色；而茶紅色調的彩妝也可以利用咖啡色的眼影取代眼線。眼瞼可以先上一層霧光感眼影，再以珠光感的眼影在眼摺中間打亮，會製造深淺的層次感，再以修容餅加深臉部的輪廓。

上完底妝之後，以修容餅微量修飾髮際處及臉頰兩側，為了增加立體感之後再以淡茶紅的腮紅輕點於兩頰。

唇部可以選擇淡紫色的唇膏，可以與咖啡色系的彩妝搭配。並以唇線筆輕輕的修飾唇周，讓唇型更顯豐潤。至於眼部的妝，可以先以白色眼影在眼瞼打底，修飾暗沉度。

以紫色眼影在眼瞼上色，再利用珠光感的眼影在眼瞼中央疊色打亮。

以咖啡色的眼影沾水取代眼線，讓眼形深邃。最後，將睫毛膏以Z字型的刷法，增加捲翹度。

底妝的
叮嚀與小技巧

　　如果因為天氣炎熱，底妝浮粉的話，該如何解決呢？可以先以礦泉水噴霧，距離臉部大約10~15cm左右均勻的噴拭臉部肌膚之後，以面紙輕壓，將臉部多餘的水分和油分拭去；再以粉餅輕壓T字部位，再將餘粉帶至其他部位，讓臉部底妝輕透。

如果習慣以粉底液上妝，除了以粉底刷之外，還可以均勻點於額頭、鼻尖、顴骨處，再輕輕的往臉部中央以指腹輕推，慢慢延伸到臉部外側，這樣會形成自然的陰影感，讓臉型更加緊實。

選購底妝的
小技巧

　　底妝為所有打造完美妝感的基礎，建議以膚質來選購底妝類的產品。以乾性肌膚來說，可以選擇滋潤度較高的粉底液，讓膚質呈現較濕潤的狀態；如果是油性肌膚，可以選擇粉餅類的產品，除了能減少脫妝的比例，也可以讓妝容更加無瑕。最後，也可以利用較深色的粉底在臉頰兩側修容，如果選擇對了產品，就算只有底妝也能讓自己完美動人。

永遠維持戀愛時的微醺感：
腮紅妝

　　臉上永遠帶著自然的紅暈感，代表幸福不遠囉！除了底妝之外，腮紅是最快速讓妳擁有好氣色的彩妝品之一，只要利用腮紅輕輕妝點於頰部，除了可以讓臉色紅潤，也意外的讓臉型有縮小的錯覺喔。很多膚色健康的人，會認為膚色較深色，所以腮紅應該也無法顯色。其實，不論是膚色白皙或是健康的人，腮紅都會讓妳原有的膚色更為提亮，呈現令人稱羨的好膚色。

*B*asic 基礎腮紅妝

1 先微笑，找出笑肌的部位，好讓正確腮紅上妝位置更能掌握。

2 利用腮紅刷沾取適量的腮紅，輕輕的撲打在臉上笑肌處。

3 將腮紅由笑肌拉長至太陽穴的部分。

4 粉撲輕輕的按壓在腮紅上，可以幫助定妝。

*L*esson 1　名媛腮紅妝

　　粉嫩的雙頰，是好命女的必備妝感。可以利用腮彩加強在微笑臉頰處，會在微笑的瞬間，令人感覺到幸福感。

1 利用腮紅刷沾取適量的粉色系腮紅。

2 在粉撲上輕輕拍打腮紅刷，讓顏色均勻附著。

3 利用粉撲輕輕的將粉紅色，在頰部輕輕上色。

4 最後利用腮紅刷，由笑肌部分往太陽穴方向延伸拉長。

Lesson2 利用腮紅創造名模輪廓

利用淺色腮紅強調氣色，深色腮紅作為臉頰兩側作為修容，可以讓臉型縮小，五官也會更加的立體，呈現如名模般的時尚妝感。

1 利用橘色系腮紅輕刷在顴骨部位，讓輪廓加深。

2 利用深色的修容餅，在臉部周圍輕刷。

3 沾取玫瑰色腮紅，由太陽穴刷至顴骨。

4 以大蜜粉刷均勻的在臉頰上輕刷，讓頰部妝感更加均勻。

*L*esson3　如何畫出完美雙色腮紅

利用兩種不同色系的腮紅，在臉部上自然的暈染，可以讓頰部妝感立即呈現立體豐潤感，有微整型的神奇效果喔！

1 淺粉色的腮紅以畫圈的方式，塗抹在笑肌上方，可以先將氣色打亮。

2 再以腮紅刷輕沾橘色系腮紅，由剛剛粉色笑肌的邊緣線，往上將腮紅線條刷至太陽穴。

3 以刷子輕拍笑肌粉色與橘色的交界線，讓兩種在肌膚上沒有色差。

4 將刷子由笑肌處，輕輕刷至太陽穴，使雙色腮紅形成自然的漸層感。

*L*esson4　搭配各種場合的腮紅妝

大家都知道，在不同場合要搭配不同的妝容，就像我們也會習慣看
場合挑衣服一樣。以下提供大家幾個生活中常出席的場合可以搭配
的腮紅妝，讓大家無時無刻都美麗自信。

■　　上班時的腮紅妝　　■

上班時的腮紅不能太過誇張，可以淡妝的方式，強調出
好氣色即可，讓妳即使一整天上班之後，依然神采奕奕。

1　以指腹輕沾取腮紅霜，可先輕抹於手背上，讓顏色均勻。

2　將腮紅霜點於臉頰上三 點，均勻分布於笑肌上。

3 以指腹將腮紅刷塗抹均勻之後，以粉撲輕拍，以幫助定妝。

4 再以粉色腮紅輕拍，這樣不管上班多久，都不會輕易脫妝。

■　約會時的腮紅妝　■

　　約會時的腮紅妝，其實是所有妝感中，最重要的一環。建議不要使用太過濃烈的腮紅，反而會讓約會的妳，顯得可笑。可以淺色的腮紅，輕輕拍於頰部即可，微微的粉嫩感，反而會讓妳更有戀愛的微醺喔。

1 視鏡子，找出笑肌，以塗抹腮紅。

2 將腮紅刷沾取適量的腮紅，由靠近鼻子的頰部開始輕拍至笑肌處。

3 再利用刷子，輕輕在剛才頰部上妝處輕拍，讓顏色更加的勻稱。

4 將粉撲，以按壓的方式在腮紅處，讓腮紅顏色呈現薄透感。

■ Party時的腮紅妝美圖 ■

　　Party時的腮紅妝，因為眼妝以及唇妝可能都會比較重，建議可以使用腮紅霜。這樣一來，除了妝感會比較持久，不害怕脫妝之外，也不會因為過濃搶走了其他妝感。

1 以指腹沾取腮紅霜，若怕太多份量造成妝感的不自然，也可先塗抹在手背上。

2 將腮紅霜輕點於臉頰。

3 將腮紅霜輕點於臉頰上，以指腹輕輕推開。

4 用珠光蜜粉鋪在顴骨上方，讓臉部腮紅增加光澤感。

腮紅的作用是為了修飾臉型，最忌諱是一大
片、過量的腮紅在顴骨上。為了要呈現更完
美的腮紅，可以使用毛質較為鬆軟的腮紅刷，
將適量的腮紅輕撲於臉頰即可。

各種臉型都有適合的腮紅畫法，如果是長型臉型，可以將腮
紅輕點於笑肌，呈現圓弧形；如果是長型臉，則可以將腮
紅，由笑肌處延伸至太陽穴，就可以將臉型拉長。利用腮紅
妝，輪廓將會更完美。

東方人的五官臉型較為平板，如果能使用腮
紅，可以讓五官更加的深邃。選擇腮紅要注意
膚色的差別；如果是有著健康膚色的人，會建議
以橘色系為主；如果是肌膚白皙的人，則可以選擇裸色或是
粉色系，增加氣色以及明亮度。

完美五官的關鍵
眉妝

很多人在化妝時很容易忽略了「眉毛」這個部份，不是完全不畫它，要不就是囫圇吞棗隨便畫一下就出門了。其實眉型可以影響一個人的外表，而且只是稍微改變一下眉毛的形狀就能帶來孑然不同的感覺！如何打造出完美的眉妝並沒有一定的法則，但是重點是要能符合自己的臉型，讓它看起來是令人感覺舒服而乾淨的。

當然每個人眉毛的形狀都會有些許不同的問題，像是太粗、太稀疏或是八字眉等等。因此想要讓眉毛更加完美就必須好好學習如何修剪與正確畫眉的技巧。此篇囊括了許多眉型的困擾解決方式，讓妳立即解決關於眉毛所有的煩惱，畫出最適合自己的眉型。

朱正生

*B*asic 修剪眉型的簡單技巧

　　整飾自己的眉毛，第一步應該要面對著鏡子，先將雜亂的毛剔除後再一步步開始找出合適的眉型。

　　使用修毛刀時也有一定的使用方法。而且要不時的確認鏡子中的自己眉毛是否兩邊形狀差不多，或者粗細是否合宜等等。這些都是要特別注意的事項！

■ 修剪眉型的簡單技巧步驟 ■

1 首先用手扶住眉心的位置，可以稍微的將眉心輕輕的往上拉一點，能讓修細微雜毛時更方便。

2 修眉刀傾斜約45度角。不管修剪哪個位置的眉毛，使用修眉刀的角度應該都要維持在45度的位置。

3 　再來將眉峰下面的雜毛剔除
　　乾淨。不要一下子就由眉峰
　　往下剃，應該要從眉峰下方
　　的地方慢慢往上剔除。

4 　使用眉刷與小剪刀稍微梳整
　　一下眉毛，將過長的眉毛長
　　度修剪一致。就能讓妳的眉
　　毛看起來很乾淨整齊。

*Lesson*1 各種眉毛修飾法

■ **眉毛距離太寬修飾法** ■

眉毛距離太寬的人，很容易帶給他人雙眼無神的感覺，看起來眼神不夠專注與犀利，也因此使得五官印象不夠鮮明。這時候對於眉毛太寬的人來說，除了做適度的修剪工作外，可以利用一些陰影的呈現方式來讓眉毛的距離靠近，還能讓五官顯得更加立體鮮明。

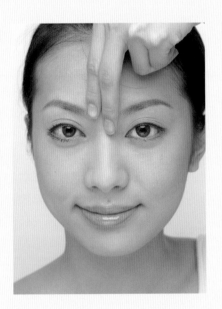

1 以食指與中指放在眉心來做測量。大約是一指半的寬幅就是兩眉之間最適當的寬度。

2 眉毛距離太寬的人可以用眉粉，畫在眉頭下面的位置，以塑造出眉毛靠近的感覺。

3 修眉刀以45度角的角度來將眉毛上面與下面的雜毛修乾淨。這樣可以讓眉型更加的集中。

4 眉頭下方的位置到鼻樑處，可以略偏深色的眉粉來製造出鼻影的陰影效果，視覺看來就會彷彿縮短了眉毛的距離。

■ 眉毛太稀疏修飾法 ■

即使妝畫的很完美，但眉毛部份感覺很稀疏的女性好像大有人在！稀疏的眉毛會讓妳的神采黯淡無光，不管妳是畫了多完美的妝容都一樣。眉毛稀疏的部份一定要以眉筆或是眉粉填補起來，然後再開始繼續其他的眉妝加強步驟。

1 稀疏的地方先以眉筆填補起來，將正確的眉型描繪出來，千萬不要露出眉毛的稀疏空隙。

2 再來選擇與眉毛本身色調相同的眉毛
膠，使用方法是由眉頭輕輕的描繪到
眉尾，只要帶過上色就好。

3 以眉粉做再次的補足加強工作。可以
挑選淺一色的眉粉來塗擦。眉尾不明
顯的人也要再描繪一次。

4 利用眉毛刷將整個眉毛刷拭過一次。
除了能讓眉毛更加服貼整齊外，也可
以輕輕的刷除過重的眉粉。

■ 八字眉型修飾法 ■

有八字眉的台灣女性好像還蠻多的，如果一昧的只是跟著妳八字眉型的弧度畫出眉妝，這就是錯誤的做法了。八字眉型在畫出眉型之前，一定要做拉提眉尾的修整動作，因為此種眉型在眉尾部分的毛流是向下延伸，所以重點是要讓眉尾的弧度與毛流看起來是往上生長的。

1 以修眉刀將眉尾的部份往上修整。記得從眉毛的下方開始往上剃除雜毛，若是從眉毛上方往下剃就很容易會有修剪不良的問題。

2 八字眉的眉型是眉頭高眉尾低。因此先將眉尾順利的往上剃高後，眉頭的部份，則使用眉粉稍微往下畫，延伸一些。

3 眉峰的部份也要往上畫高一點。這樣可以製造出眉毛的弧度很順暢的感覺。

4 最後利用透明的眉毛固定膠將畫好的眉毛色調固定住。也可以由眉頭往眉尾順一下眉毛的毛流。

*L*esson2　適合任何臉型的畫眉法

不同的臉型有統一適合的畫法嗎？很多人常常會有這樣的疑問吧！其實還是像前面提醒過大家的一樣，只要妳的眉毛看起來毛流是整齊順暢的，而且沒有雜毛，這樣就能算是一個好看的眉型了。下面將教導妳每種臉型都適合的畫眉法，最棒的是簡單的兩個步驟就可以獲得漂亮眉妝了。

1 使用眉筆從眉峰的部位開始畫到眉尾，接著再將剩餘的眉粉帶到眉頭即可，眉頭色調不宜畫的太重。

2 使用染眉膏。染眉膏可以盡量挑選與自己髮色相近的色調才不會看起來太突兀，也是從眉頭的部位刷到眉尾即可。

$\mathcal{L}$esson 3　不同場合的眉型搭配

■　上班俐落感眉型　■

　　上班時總想要給人一種衝勁十足很有活力的印象。因此在眉型的畫法上就不建議畫的太過柔和。特別強調出眉峰的感覺，會使人變得很俐落，而且看起來很幹練。即使是社會新鮮人也非常推薦這樣的畫

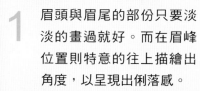

1 　眉頭與眉尾的部份只要淡淡的畫過就好。而在眉峰位置則特意的往上描繪出角度，以呈現出俐落感。

2 　以深咖啡色的眉筆或眉粉將眉毛的顏色稍微加深一點。但是太深的黑色則不建議使用，因為看起來反而會變的嚴肅。

■　約會柔美感眉型　■

　　問大多數的男性會喜歡哪種類型的女性，應該會有大半
數會回答小女人吧！小女人的重點就是要讓自己看起來很溫
柔並且甜美。所以在眉毛上面需要下的功夫，就是盡量畫出
柔和的弧度，並且不要使用過深的色調，這樣的漂亮眉型就
會讓他人忍不住想靠近妳！

1 先將較稀疏的部份補起來。選擇柔和或是略淺的色調來描繪眉型。在眉峰的位置也不要太刻意強調角度。

2 柔和感的眉型最怕出現雜亂的眉毛，因此要利用眉刷輕輕的梳整過眉毛。

3 使用眉粉由眉頭往眉尾的方向畫上。為使顏色不要太重，可以在畫完後用棉花棒將其輕輕暈染開來。

■ Party時尚感眉型 ■

想要在Party中成為大受注目的焦點，除了利用奢華的飾品與華麗的服裝來吸引他人目光外，眉妝也可以做出這樣令人驚艷的效果！只要在眼尾的部份刷上具有珠光光澤的亮粉，妳就會彷彿女明星般閃耀。

1 使用偏淺色的咖啡色眉筆來描繪眉型。具有時尚感的眉型切忌畫的過長，與眼尾的長度一致就好。

2 使用珠光亮粉，刷在眼尾的位置。在雙眼睜眨之間與光線的折射下就能突顯妳的眼部。

1. 剃眉毛時由眉頭朝向眉尾開始剔除雜毛。眉毛與剃刀盡量要保持大約45度的角度順著毛流方向開始剃毛。

2. 不管在處理哪個部位的眉毛，眉梳可以盡量的立起來將該修掉的眉毛梳出來就好了。

3. 簡單的在洗完臉以化妝水及乳液保養後再開始剃眉，才不會讓脆弱的肌膚受到傷害！

4. 眉妝最容易脫妝的位置在於眉尾，因此在眉頭、眉峰等位置可以以眉粉刷拭後，眉尾的部份就用眉筆來畫，不只能夠具有不脫妝的效果，也能補足眉毛有陷的位置。

5. 畫眉尾時常常不知道應該畫到多長才算正確！？其實只要利用眉筆，從妳的**鼻翼**往眼尾再到眉眼的位置放上，此斜長型的長度這就是眉尾最長的位置。眉尾盡量不要超過這個位置，才是最完美的眉型。

選擇眉部產品
的小技巧

如果想要眉部的線條輪廓較為鮮明，可以選購眉筆來描繪出現線條。若本身眉型較為清楚，則可以用眉粉或是染眉膏輕輕帶過即可，讓眉型線條自然而不突兀。

媚惑電眼術：
眼線妝

眼睛看起來好無神？浮腫？總是被笑說有剛睡醒的感覺？以上幾點都是亞洲女性常會發生的問題！因為亞洲人的輪廓不像外國人般的立體，眼窩也沒有像外國人般的深邃，所以雙眼的力量就沒有像他們這麼強烈。但是這個問題很好解決，現在只要在眼皮上細細的畫上一條眼線，妳的眼睛就會自然的彷彿放大了兩倍的效果。畫眼線其實相當簡單，坊間很多不同類型與質地的眼線，也可以帶來不同的雙眸效果。今天的妳想要打造出哪一種迷人的眼神呢？輕輕一描繪上眼線，雙眼就能夠瞬間明亮有神！

*B*asic　擁有媚惑電眼術的方法

1　不需要太多繁複的技巧，只需要將眼線筆從
　眼頭往眼尾的方向輕輕的描繪上去即可。

2　畫上與眼線同色調的深
　色眼影。可以先將眼影
　暈染在手上，再畫到眼
　睛上，才不會讓妝感過
　於厚重。

3　將暈染在手上的眼影色
　調畫在眼部，然後直
　接加在剛剛畫眼線的位
　置，並以眼影刷輕壓。

4　為了避免眼線的線條
　不自然，以眼影來回
　的將眼線暈開來，
　讓眼線能與眼影融
　合在一起。

Lesson 1　讓眼部瞬間放大兩倍

　　眼線的畫法有非常多的變化。有效的運用些微的改變，就能讓自己呈現多樣式的風貌。暈染後的眼線能夠讓眼部自然的呈現放大效果，連畫眼線的線條都能完美的將其遮蓋住，這就好像妳天生就擁有了大眼睛般神奇。

1 將眼線筆從眼頭畫到眼尾的部份，靠近睫毛的根部畫上眼線會讓雙眼存在感更強烈。

2 利用深色的眼影將眼線做暈染的動作。怕色調太深的人，可以先在手上暈開後再畫上。

3 在暈染時若想要更強調成熟感的人，可在眼尾的地方做顏色上的加強。

4 下眼尾也是重點！在下眼尾後1/3的部份畫上深色的眼影，然後將其暈開。

$\mathcal{L}$esson 2　運用眼線創造瞳孔放大片的效果

這兩年非常流行的眼部產品是--- 瞳孔放大片。很多女性喜愛它的原因，不外乎就是它能讓雙眼變大，瞳孔變得非常渾圓而且水亮。現在就傳授妳可以有這樣效果的特殊技巧，讓妳不需要花錢去買瞳孔放大片，只要利用眼線就可以獲得相同功效。

1　將深色的眼線畫在上眼瞼的內眼線處，在瞳孔上方的位置可以盡量加粗一點，會讓眼睛看起來更圓。

2　接著在下眼瞼的位置也畫上深色的眼線，也可加粗在瞳孔下方位置的眼線。

3　白色的眼線畫在下眼瞼的內眼線處，以呈現出澄淨感。深色眼線與白色眼線的交互使用下，會讓眼睛的瞳孔更黑更大。

$\mathcal{L}$esson 3　打造出好萊塢女明星的眼妝

好萊塢女明星們的服裝、使用的配件甚至是妝感總是成為女性們爭相模仿的指標。其實好萊塢女星們非常著重於眼妝上的描繪。因為雙眼是最能顯現出它們本身氣勢與氣質的重要關鍵。好萊塢女明星眼妝的打造重點就是要讓雙眼非常深邃以及絕對要能吸引目光焦點。只要掌握住這兩個重點妳也可以成為超迷人的女明星！

■　好萊塢女明星的眼妝步驟　■

1 先在眼尾上用眼線筆做個記號，接著再從記號的位置開始畫出上揚的眼線。做記號可以讓兩邊的眼線比較一致，不會有一高一低的問題。

2 眼頭到眼尾也要用眼線筆將
線條細細的連接起來，接著
與剛剛畫好的上揚眼線做結合。

3 再來使用眼影刷將眼線的線
條略略的暈開來。如果是故
意想要製造出眼線非常鮮明的感覺
的人，就不需要暈染的太多。

4 能放大雙眼的下眼線也必須
要畫上。可以利用眼線筆將
下眼瞼整個圈起來。

*L*esson4　各種場合的眼線搭配技巧

■ 上班時的眼線妝 ■

　　上班族女性們畫的眼線不希望會太明顯；而且上班的時候總是感覺匆忙，當然希望越快越好。大部份不會畫眼線的女性會覺得畫眼線很難，所以只要一畫眼線就會佔據掉她們化妝的大多數時間。別擔心，只需三分鐘的時間，就能讓妳畫好眼的簡易眼線化妝術，從今天起就能輕鬆出門了！

1 將咖啡色的眼線刻意的往上畫。咖啡色的眼線妝，會讓妳的雙眼看起來雖然很俐落，卻帶點些微的女人味。

3 下眼瞼也利用咖啡色的眼線將雙眼整圈圈起來。咖啡色眼影的內斂感，不會讓雙眼看起來過於犀利。

2 使用咖啡色的眼影疊擦在剛剛畫上的眼線上。畫眼影時可以在眼頭畫的淺一點，眼尾則畫深一點，以製造出上揚的眼型。

4 最後在下眼瞼的內眼線位置畫上白色的眼線。清潔感的眼妝就完成了。

基礎妝

■　約會時的眼線妝　■

　　如何畫出讓他盯著妳
的時候也看不出來的隱形
眼線呢？過於厚重的眼
妝在約會時絕對是不適當
的。約會時的眼線除了著
重於若隱若現、好像沒畫
般的眼線外，若是能讓妳
的眼睛看起來充滿媚惑
感，那就更完美了！

1 在瞳孔上方、眼睛中間的位置開始畫上眼線。上下眼線都要畫上來製造渾圓讓人想疼惜的雙眼效果！

2 畫上與眼線相同的深色眼影。深色的眼影不用塗刷的太濃可以先在手上撐掉一些，再畫上去會更加自然。

3 在下眼瞼眼尾1/3處畫上一條深色眼線，重點不要畫的太粗。

4 再利用眼影刷把畫過眼線的地方暈染開來即可。

■ Party時的眼線妝 ■

參加Party時搶眼一定
是必要的,但是最害怕遇
到的事情就是眼妝暈開
了;因為只要時間一長,
很難保證眼妝能持續多
久。所以請盡可能使用
防水與防油型的眼妝產品
外,再畫上即將介紹給妳
的超持久眼妝密技,保證
妳再也不會遇到眼妝暈開
的窘境了。

1 使用黑色的眼線，可以盡量將它畫的粗一點，甚至是畫到靠近眼褶處的位置也沒關係。

2 深色眼影向眼窩的方向暈染。從眼褶處畫上深色眼影後，就往上暈染到眼窩的部位，雙眼會變得比較立體。

3 接著在上眼尾的深色眼影也要往上與往後暈染開來，這個步驟很適合眼睛下垂或是雙眼容易無神的人。

4 在靠近內眼瞼的位置細細的畫上一條眼線。

使用眼線的
叮嚀與小技巧

1. 市面上有很多不同的眼線產品，以初學者來講，建議還是可以先從眼線筆來學習。因為眼線筆的筆芯質地比較偏硬一點，所以對於剛開始學習畫眼線的人來說使用起來好操作，畫起來也更容易上手。想追求彷彿若隱若現的眼線效果，眼線液就是妳最佳選擇。眼線膠或膏對於大眼效果非常明顯，線條的粗細度也可以依照自己的喜好做調整，只是對於筆刷應用上再多多練習即可。

2. 在畫上眼線之後可以再疊擦上相同色系的眼影，不只可以降低眼線的暈開的現象，也能讓眼睛彷彿自然放大兩倍。眼線容易暈染還有一點就是因為眼皮容易出油。可以在畫上眼妝後輕輕的按壓一點點蜜粉做定妝。

3. 初學者學習畫眼線時如果無法一口氣將線條完整連接起來的話，可以分開三個步驟來學習一樣可以擁有漂亮又細緻的眼線線條。首先先從眼尾畫到眼睛的中央也就是瞳孔上方的位置，接著再從眼頭畫到眼睛的中央，最後再從眼頭到眼尾再次描繪上，並且將睫毛間有空隙的位置小刻度的補起來，如此一來妳的眼線也可以變得非常完美！

4. 最近很多品牌推出了亮片眼線很漂亮，可是該怎麼使用？
   將亮片眼線畫在睫毛的根部，接著在疊擦上眼影，就能製
   造出若隱若現的光芒。而將亮片畫在下眼線的位置則能營
   造出好像淚眼汪汪的眼妝質感，感覺非常水亮而且惹人憐
   愛。

選購眼線的
小技巧

　　想要讓眼睛看起來更深邃的話，眼線產品就
是妳打造大眼的法寶了！眼線產品有非常多
的類型，因此不管筆型或是膠狀或是眼線液，先
看自己想要呈現出的妝感是什麼的效果再來做挑選購買的動
作！眼線筆比較適合初學者使用，因為硬質的筆芯描繪起來
會比較順手，其呈現出的線條感會比較明顯。眼線膠則能隨
意的創造出細緻或是較粗的線條，只要筆刷的粗細不同就能
營造出截然不同的眼妝效果。而眼線液就很適合想要畫出隱
形眼線的人，因為眼線液描畫出的線條非常細緻，所以會非
常自然！

完美整形眼妝術

完全不用藉由手術，只要利用眼影的深淺以及不同的畫法，就可以輕易的讓妳擁有超媚惑電眼。很多人都有都不知道該如何利用眼影畫出適合自己的眼妝，就跟著課程畫出美麗的眼妝吧！

Basic 美麗的眼妝法

　　其實眼影的使用十分的簡單，只要利用簡單的基礎色系，就可以讓眼型更有深邃感，東方人最適合的色系便是咖啡色系，也可以相對的映襯膚色。

1　將眼影刷沾取淺色眼影，接著往上平拉到瞳孔的上方位置。

2　再沾取略帶珠光色系的眼影，由眼頭圓弧形的向上平拉。

3　再來，沾取咖啡色系的眼影，由眼睛後方往前拉，可形成眼部的深邃感。

4　為了讓眼型更加的深邃，不用再刻意沾取眼影粉，利用眼影刷上面的餘粉，加強按壓在眼睛的後端，可以讓眼型放大。

$\mathcal{L}$esson1 利用眼影消除眼部暗沈

亞洲人的膚色很容易讓眼妝顯得暗沉而不完美，如果將眼窩較暗沉處打亮，可讓膚色明亮度提高，妝感顯得清爽。

1 先利用不含珠光的米色眼影膏在眼窩上均勻點開。

2 由眼睛前端開始，利用指腹輕輕的按壓。

3 慢慢按壓到眼睛的尾端，讓眼影膏在眼窩呈現薄透的亮澤感。

4 再利用米色的眼影粉輕輕上於下眼窩，減緩眼下的暗沉感。

*L*esson2　創造不同眼型的技巧

■　大小眼的眼影修飾法　■

　　利用化妝的技巧，可以修飾自身眼型的不完美，例如深色眼影畫在雙眼皮較小的眼部，讓眼型呈現對稱的狀態，妝感也會更加的完美。

1 以搭配衣服的淺藍色眼影在眼窩打底。

2 在較小眼型上以略深的藍色眼影，由眼尾往眼睛中央圓弧型畫過去。

3 為了讓眼型更平衡，以眼線或眼線膠，刻意在較小眼型的瞳孔上下方加強。

4 以筆刷沾取深藍色的眼影，在較小的眼型眼摺處再次的加強。

■ 雙眼皮摺窄的眼影修飾法 ■

雙眼皮不明顯的人很容易看起來沒有精神，眼妝也不容易凸顯，可以利用淺色眼影，凸顯雙眼皮的位置，再加以深色眼影的點綴輝映，讓眼妝更加的完美。

1 以珠光眼影輕塗抹於眉骨，讓眼窩有深邃感

2 再將珠光藍輕推於眼摺處，讓雙眼皮更明顯。

3 為了避免眼型浮腫，選擇深藍眼影塗抹在眼摺處，讓眼型顯得深邃。

4 眼線塗抹上眼頭到眼尾之後，加強下眼尾1/3眼線，讓整個眼妝顯得深邃，雙眼皮也會較為明顯。

■　瞳孔較小的眼形修飾法　■

瞳孔較大的眼型，會很容易畫出令人驚艷的眼妝，但如果是瞳孔較小的人，會很容易看起來無神，這時候，可以利用深色眼影在畫上眼線之後，刻意的加強上下瞳孔處，讓眼型看起來更加無辜。

1　用眼線筆從下眼頭畫至眼尾，利用眼線填滿。

2　利用深色的眼影將下眼線暈開。

3　利用指腹輕輕的撐起上眼皮，畫出細緻的內眼線。

4　利用同色眼影，輕輕的將內眼線加強，眼妝會不容易暈染。

*L*esson 3　各種場合的雙色眼影搭配法

■　上班時的雙色眼影搭配法　■

　　上班時以簡單的眼影，讓自己看起來有精神，建議可以使用自然的色系，而非過於誇張的妝感，才能顯現專業度。

1 先畫上眼線之後，深紫色眼影往眼尾輕輕按壓，以拉長眼型。

2 在眼頭輕輕按壓淺白色眼影，讓眼睛呈現明亮朝氣感。

3 深紫色眼影餘粉在眼睛尾端輕輕的再次按壓，讓之前的眼妝更為加強。

4 利用淺珠光色眼影，打亮在眉骨的部位，可以讓眼妝的層次感更為明顯。

■ 約會時的雙色眼影搭配法 ■

約會時的眼妝，以呈現甜美氣質為主，可以利用淺色眼影先
將眼窩打底，也可以讓後續的眼妝色澤更為鮮明。刻意的將
眼影稍微暈開，可以增加眼神的迷濛度。

1 先以灰色眼影由眼頭
畫至眼部中央，會讓
眼型呈現圓形狀。

2 眼睛平視鏡子，在瞳
孔上方刻意的將眼線
加粗。

3 以灰藍色眼影，暈
染在原有的眼線
上，讓眼神顯得柔
媚感。

4 再以剩餘的灰藍色
眼影左右來回暈染
在眼窩上。

■ Party時的雙色眼影搭配法 ■

1 以淺色眼影膏打底，讓眼部有自然的晶亮感。

2 以珠光眼影重疊在眼窩上，可以選光澤感較為強烈的，在Party中格外得耀眼。

3 以珠光眼線，由眼頭畫至眼尾，可以讓眼妝有閃耀的感覺。

4 再將珠光感眼線，加強在下眼尾1/3處。

夢幻娃娃：
睫毛妝

「睫毛膏」已經是現代許多女性出門時不可或缺的彩妝單品之一了。它除了具有讓雙眼立即變大的效果之外，還能讓眼神更動人。因此想要加強他人對妳的第一印象，睫毛膏就是妳最好的秘密武器了。

還有對於想要更進一步營造不同睫毛印象的人假睫毛也是妳不可錯過的單品，不同款式、不同長度甚至是不同顏色的假睫毛，都能讓妳的雙眼有不一樣的視覺效果。此篇除了介紹基本的睫毛膏塗刷法外，還教導妳如何利用假睫毛創造出不同的眼部表情。現在就準備讓妳的雙眸充滿迷人魅力吧！

$\mathcal{B}$asic　擁有夢幻娃娃睫毛的方法

1 以45度角的角度將睫毛夾翹，可以稍微往上略略的加壓一下，這樣的做法能讓捲翹度更加的明顯。

2 從睫毛的後2/3處開始往上塗刷。在瞳孔的正中央部位再刷一次，眼睛會有瞬間變大的效果。

3 將睫毛膏打直左右來回塗刷下睫毛。下睫毛比較稀疏的人，這個步驟將可以讓妳感覺睫毛變濃密。

4 利用睫毛梳將糾結的睫毛仔細梳開。切記不要大力的拉扯，如太用力的拉扯睫毛，會使得睫毛膏的屑屑掉落。

*L*esson 1　讓睫毛24小時維持捲翹的秘訣

使用睫毛膏時很多人容易犯以下幾種錯誤：沒有使用睫毛夾就直接塗刷睫毛膏、睫毛夾沒有確實將睫毛夾翹、下睫毛的部分置之不理。這幾項都是造成睫毛膏效果不彰或是睫毛膏容易暈染的主因。只要掌握住下面4個使用方式，就能立即獲得持久捲翹的完美睫毛。

1 利用打火機的熱度讓睫毛夾帶有溫度。這個做法可以讓妳的睫毛變得捲翹又持久！

2 睫毛夾以45度角的
角度從睫毛的根部
開始往上加壓夾翹。

3 接著在睫毛的尾端的部分
再夾一次。這會讓睫毛的
上翹弧度非常漂亮。

4 睫毛膏從根部以Z字
型由內往外刷。除了
上睫毛外，下睫毛也
要直立睫毛膏刷上。

$\mathcal{L}$esson2　假睫毛的使用方法

　　妳可知道睫毛的濃度能夠縮小臉的比例？濃密的睫毛能夠放大眼睛的比例，於是相對的就會讓妳的臉看起來彷彿變小了。但是睫毛不夠濃密的女性也不用擔心，假睫毛的濃密與捲翹度就能讓妳變身小臉美人。

1 取出一副假睫毛，不要馬上就把沒修剪過的假睫毛貼上眼睛，一定要先利用小剪刀將其修剪成符合自己眼型的形狀再開始黏貼。

2 接著將剪下來最長那段假睫毛，貼在瞳孔正上方，這方法有讓眼睛圓潤的效果。

3 為了要讓假睫毛更捲翹，在這裡利用睫毛夾將已經貼好的假睫毛再次夾翹。睫毛的尾端比較容易下垂，因此這個部位可以多加強的夾幾次。

4 為避免假睫毛與原有的睫毛貼合度不夠自然，最後不要忘了塗刷上睫毛膏。

Lesson 3 如何利用假睫毛創造
不同的眼部表情

妳可知道利用不一樣款式的假睫毛，就能
讓眼神也跟著不同！不管是像芭比的大眼
睛，或是有個性的眼神，甚至是充滿魅惑
力的眼型，只要運用一點假睫毛小技巧，
不管在哪個場合中最閃耀的焦點非妳莫屬
了。

■ 惹人憐愛的的芭比眼型 ■

惹人憐愛的芭比眼型眼妝，重點在
於營造出又圓又大，以及看起來無辜
的雙眸，輕輕一眨就讓人心生憐惜。
其實只要利用假睫毛濃密的特質，再
加上眼線的技巧就能輕易打造了。

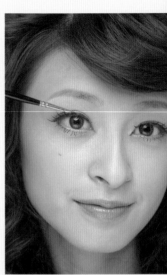

1 眼線在瞳孔正上方的位置特意畫粗
一點，這是為了讓眼睛看起來明亮
有神。

2 在下眼尾後1/3處塗擦帶有洋娃娃氣
息的粉紅色眼影，以凸顯出雙眼的
可愛感覺。

3 在修剪出適合自己眼型的
假睫毛後,將假睫毛盡量
貼近睫毛根部的位置,這
樣才會自然。

4 最後在下眼瞼的位置畫上白色
的眼線。白色的眼線可以讓眼
妝的清潔度上升,整體的妝效
也會變得很乾淨。

■ 搖滾感的個性化眼型 ■

想要強調雙眼的視覺效果，搖滾感就是最適合妳的眼型畫法了。除了鮮明的色調讓人忍不住想要多看一眼外，充滿個性感的眼妝，讓整體造型變得更搶眼，再戴上纖長又濃密的假睫毛更是完美搭配。

1 首先，在靠近睫毛的位置可先使用具有亮片的眼線產品，來讓雙眼更加閃耀。

2 將深色的眼影塗擦在畫上亮片眼線的位置，可以輕輕的將眼影向上暈染一些，甚至是快靠近眼窩的位置也可以。

3 黏貼上整副假睫毛。在做
完假睫毛的修剪工作後，
將整副假睫毛貼在睫毛根部位
置，然後可以用手往上壓一下。

4 在下眼尾的地方同樣畫上深色
的眼影，這樣可以使雙眼更加
深邃，並具有放大2倍的驚人效果。

■ 性感媚惑的眼型 ■

雙眼圓潤的女性，一直以來就比較容易給人家可愛與孩子氣的印象。其實有時候想要擁有性感的妝感，只需要利用眼線與假睫毛，就能夠輕易的營造出來！媚惑系的眼妝，需要的是彷彿要牽引住他人心房的上揚眼線，與超纖長捲俏的睫毛，現在就立即傳授給妳！

1　眼線的畫法就是從眼頭往眼尾的方向一口氣描繪。在眼尾的後1/3處開始略略的往上揚，記得不要畫的太粗，細細的即可。

2　貼上一副假睫毛。對於初學者可以將假睫毛從瞳孔的上方開始粘起，接著固定旁邊兩側。

3 　為了讓上揚的眼型更具吸引力，可以修剪一小段的假睫毛黏貼在眼尾的位置。

4 　將睫毛膏以Z字型的方式來塗刷。輕輕的塗刷讓假睫毛與自己的睫毛更加貼合。

睫毛膏&
假睫毛的使用
叮嚀與
小技巧

1. 很多人使用睫毛膏時很容易會有暈染的現象，關於這個問題除了前面有提到的可能是在夾睫毛時不夠細心，所以一定將每一根睫毛夾的完全捲翹。還有就是可以使用防水性較強的睫毛膏，或是也可以在塗刷睫毛膏之前使用睫毛底膏來讓睫毛膏不易會有暈染的狀況，還有很多家品牌都已經推出的睫毛定型膏，也就是使用在睫毛膏之後的產品，這些都是能讓妳的睫毛擁有長時間完美捲翹效果的秘密武器！

2. 假睫毛可以讓女性的眼神立即變得迷人，但是很多人還是對於戴假睫毛的方法不太了解，所以會讓貼好的假睫毛看起來很不自然。使用假睫毛時一定要先修剪到符合自己眼型，再開始黏貼。黏貼時一定要盡量靠近自己本身睫毛的根部位置，然後從瞳孔上方的位置先固定住，再開始黏貼左右兩側的假睫毛。這樣就大功告成了。

3. 如何才能讓假睫毛看起來很完美彷彿自己天生的睫毛呢？其實只要運用兩項產品就能讓假睫毛效果更自然喔！首先是眼線，黏貼好假睫毛後也一定要在睫毛的根部位置畫上一條細細的眼線這樣一來不僅能將黏貼的痕跡完美的遮掩住外也可以提升眼睛的力量。再來是睫毛膏，也許有人會問為什麼戴了假睫毛還要再使用睫毛膏呢？再次塗刷上睫毛膏可以讓假睫毛與自己的睫毛貼合的更緊密就會更加自然了。

4. 睫毛不管怎麼夾都還是無法一整天維持捲俏的人，現在已
經有很便利的工具能解決這樣的困擾了，就是燙睫毛器。只
要從根部整個抬高的燙，睫毛膏屑屑就不容易掉落，而且捲
俏度更是非常的顯著。下睫毛容易亂翹的人也可以用燙睫毛
器壓一下。

選購睫毛膏
的小技巧

市面上有許多種類與品牌的睫毛膏，但是選
擇的重點則是妳要先清楚妳自己睫毛的問題點
在哪！像是睫毛比較稀疏的人那就可以選擇濃密
型的睫毛膏來塗刷，當然除了Z字型的塗刷方法外下睫毛也最
好能一併刷上濃密感才會更上升。而睫毛短的人則可以選擇
纖長型的睫毛膏。纖長型的睫毛膏有時候濃密度效果會比較
沒那麼優秀，因此建議可以在之前先擦上濃密型再塗刷纖長
型的睫毛膏。

而現在很多家品牌都有推出睫毛底膏，如果睫毛本身容易
斷裂或是比較脆弱都可以再多添購一支睫毛底膏，除了保護
睫毛，也能讓睫毛的濃密纖長效果更加持久。

令人心跳的晶凍雙唇：
唇妝

　　豐滿而富有彈力的雙唇，絕對會讓異性無法停止對妳的注視。此篇除了要教導妳如何利用一些不同的唇部單品來讓雙唇變得更水嫩外，還幫妳解決一些關於唇部上的困擾。像是唇部比較薄的人該怎麼畫唇妝以及如何創造不掉色唇…等等。妳對於畫唇妝的方式還只是慣用一支唇膏走遍天下嗎？還不知道有許多好用的唇部單品可以使妳的妝容加分嗎？看完這一篇、學會了這些技巧，妳的雙唇也能成為臉部五官中最搶眼的部位了。

1 棉花棒沾上護唇膏後塗擦在唇部上。嘴上容易出現脫屑或是泛白的人，可以利用沾了棉花棒的護唇膏來做溫和的唇部按摩運動，也可以避免後續的唇彩色素沉澱。

2 使用持久型的唇膏，將雙唇整個塗滿不同色調的唇膏，也會讓膚色呈現出不同的效果。怕唇膏色調塗抹不均勻的人也可以使用唇刷沾取後再塗刷。

3 粉色的唇蜜來回的塗抹在唇上。唇蜜的質地有時候會過於濃稠，因此在使用唇蜜前，可先將多餘的份量沾取在面紙上才不會有塗抹量過多的問題。

4 塗擦完唇蜜後上下唇抿一下，這樣能讓色調比較平均，才不會讓上唇或下唇感覺使用量或是色調有差距。

Lesson 1　接吻也不掉色的神奇唇妝術

　　將口紅留在剛喝過的杯子上，是一件非常不禮貌的表現。如果在接吻時也將口紅留在對方的唇上，這樣的狀況好像也有點令人覺得尷尬！即使接吻也不掉色的神奇唇妝術，馬上讓妳可以揮別這樣的困擾，還不知道該怎麼做的女生們就要趕緊學會，一定會讓妳更添風情。

1 利用唇線筆將唇部的輪廓描繪出來，對於唇線筆的使用方式還不夠熟練的人，可以選擇與唇部膚色較接近的唇線筆來使用。

2 將剛剛描繪出來的唇形輪廓，慢慢的以唇線筆往唇部內部略略的暈染開來。這樣的唇部色調會比較自然。

3 用蜜粉按壓一下剛剛上過色的地方。蜜粉具有定妝效果，不只可使用在臉部，對於想讓唇色長時間維持的人，蜜粉也是非常好的工具。

4 最後擦上與唇線色調相似的唇膏，讓唇膏的色調可以與唇線融合在一起，而不是看起來變成像是兩種顏色。

*L*esson2　粉嫩戀愛雙唇創造術

　　只要擁有看起來粉嫩的雙唇，好像戀愛運就會跟著不知不覺的提升了！經過統計，男生們對於有著粉色雙唇的女性深深著迷。因此想要讓自己更受歡迎改變唇色或是唇妝就是妳一定要做的工作了。粉底液就是妳最好的幫手了。能夠輕易改變唇色的粉底液，輕鬆就讓妳上玩唇彩後的雙唇變得水嫩迷人。

1　將粉底液先按壓在手上，然後調整出自己需要的份量。一昧的將粉底液往嘴唇上抹是不正確的方法，這樣會使粉底液過厚，想讓雙唇散發粉嫩感的效果就會下降了。

2　本身唇色色調不夠漂亮的人，可將粉底液直接塗抹在雙唇上當作打底的功能。而唇周顯得暗沉的人，可利用粉底液來稍加修飾。

3　以粉底液當作打底以及修飾過後的雙唇，不管塗擦上什麼色調的唇膏都會變得非常顯色而且漂亮。

4　想要讓雙唇的水嫩感更明顯的人，這時候唇蜜就是相當重要的幫手了。想要突顯唇膏顏色的人只要選擇透明色調唇蜜即可。但若是想要讓粉嫩質感大幅上升，就可選擇粉色系的唇蜜來使用。

𝓛esson3 性感豐唇唇妝術

　　這幾年一直持續流行的就是豐厚的唇感。就好像是好萊塢女明星安潔莉娜裘麗那樣性感的厚嘴唇，已經是很多女性想要仿效的對象。其實利用具有水亮感的唇蜜，然後再搭配上一點不同的唇妝技巧，不需要唇部整形，也能達到妳想要的性感豐厚美唇。

1 首先利用唇線筆將唇部的線條明顯的勾勒出來。可針對唇峰與下嘴唇凹陷處做出更明顯的描繪。

2 利用手指將畫好的唇線先輕輕的按壓將其暈開。並且在嘴角比較容易暗沉的地方以粉底液來遮蓋一下，才不會讓畫好後的唇妝顯得清潔度不夠。

3 整個塗擦上偏深色調的唇膏。深色調的唇膏能使雙唇的印象強烈，並且讓視覺更加集中。偏金棕深色調的唇膏也很適合肌膚偏黃的東方人使用。

4 只在唇部的中間塗刷上透明的唇蜜。為了突顯唇膏的強烈色調，因此選用透明色的唇蜜來讓雙唇更豐盈，秘訣是要將透明唇蜜塗擦在唇部中央即可。

*L*esson4 搭配各種場合的唇妝技巧

不同的場合就要畫上不同的唇妝來獲得更多的好感與注目度。依照平常會遇到的場合，像是上班或約會以及PARTY等不同的需求，完整的傳授完美唇妝的秘訣！打造出絕不會失敗的場合別唇妝技巧，也讓女人味大大提升！

■ 上班時的唇妝 ■

1 以唇線筆將唇峰的位置特別描繪的明顯一些。明顯的唇峰線條會讓人覺得妳的唇形很漂亮外，看起來也會充滿幹練感。

2 不要選擇太過突出的顏色，太可愛的色調也不太適合。選擇帶點成熟感的偏深色調，就不會讓自己顯得過於小孩子氣。

3 接著整個嘴唇塗擦上粉色調的唇蜜，為了不讓深色調的唇膏帶來一種嚴肅的感覺，可以在唇部塗刷上粉色唇蜜。

4 嘴角等容易暗沉的部位，千萬不要忘記要用粉底液稍加遮蓋一下。像是唇邊位置也可以擦上粉底液後，再用手指慢慢的按壓暈開。

■ 約會時的唇妝 ■

1 在塗擦唇彩之前，先在雙唇上塗抹厚厚的一層護唇膏，可避免擦上唇彩後的唇部產生乾燥現象，也可以隔絕唇彩的色素沉澱。

2 唇線筆以畫圓的方式來呈現，讓唇部線條呈現柔美感，才不會太過犀利。畫上後可用手指輕輕的推開。

3 直接塗擦上唇膏。因為是約會的唇妝，所以唇膏可以挑選偏粉色的色調，粉色調會讓戀愛度大大提升。

4 唇蜜也一樣選擇與唇膏相同的粉色系。想使雙唇有豐潤視覺效果的人，可將唇蜜塗在唇部中央就好。

■ Party時的唇妝 ■

1 在勾勒唇部線條時，可以利用唇
線筆稍微將雙唇畫的寬一點點，
製造出豐厚且性感的感覺。

2 使用唇刷先沾取唇膏，接著再塗
擦在唇部上。唇刷是一個非常好
的唇膏輔助工具，它能讓唇膏顯
現出來的色調更加飽和、均勻。

3 使用唇刷來回均勻的將唇膏色彩
塗刷上。在唇部邊緣的地方也要
細心的描繪上。

4 擦上透明的唇蜜，呈現出很自然
的豐唇效果。唇蜜若是使用過多
的人可以稍微抿一下嘴唇。

使用唇彩
與唇部保養
的叮嚀與
小技巧

1. 如何依照膚色選擇自己適合的唇彩色調呢？肌膚白皙的人其實不管擦上什麼顏色的唇彩都還蠻適合的，只是選擇粉紅色或是偏冷色的桃紅色等冷色調，能讓妳的白皙肌膚變得不只是白，還會帶點粉嫩感。若是比較暗沉或是泛黃肌膚的人，則可以選擇暖色調的唇彩。像是今年秋冬很流行的金棕色，就是讓妳的肌膚看起來比較健康卻不會泛黃的顏色。還有一個最簡單的方式提供給妳，就是可以選擇一支冷色調與一支暖色調的唇彩，擦上後哪一支可以讓妳的肌膚明顯變得比較明亮，以及黑眼圈看起來不明顯的，那就是妳最好的選擇。

2. 正確的唇部保養方式為何？其實長時間塗抹唇膏卻沒有做好唇部保養的工作，很快妳的雙唇就會出現脫屑或是暗沉的現象了。其實唇部的保養非常的簡單而且快速，並不需要花上太多的時間，只是動作一定要輕柔，因為唇部以及唇周的肌膚都非常的脆弱且敏感，更要小心的來執行保養工作與呵護。唇部的保養步驟如下：在睡前可以先用熱毛巾敷一下嘴唇，然後再擦上一層厚厚的護唇膏，接著在嘴唇上放上一小塊的保鮮膜，可以裁剪的符合唇部大小的尺寸即可，然後再蓋上熱毛巾就完成了。只要持之以恆做好這幾個步驟，想要擁有粉嫩雙唇的夢想很快就會實現了。

其實唇部的妝彩與色調對於臉部氣色好壞有非常大的影響。若是顏色挑選錯誤則會造成妳的膚色看起來暗沉不明亮。肌膚色調偏白的人對於唇妝色調的選擇就不會有太多的限制。不過像是粉色的色系會讓妳看起來氣色更加的粉嫩。而膚色較深的人則可挑選色調比較鮮明的色調，像是橘紅色或是偏紅色色調反而可以將你的肌膚顏色調整的比較白皙。

最後如果想要讓雙唇呈現出水潤的質感，就能再添購一支唇蜜，唇蜜的色調可以選擇透明度比較高的才不會蓋住了唇膏的顏色。當然如果想要單擦唇蜜就出門的人就要挑選色調比較飽和的唇蜜。

Part. **3** 四大類型星座
魅力彩妝

各個星座渡假時增加異性緣的妝感技巧

每個星座都有自己的獨特魅力，要如何利用彩妝讓自己的魅力更為加分，在這單元將詳細解說。例如風向星座的人，本身已經擁有較為活潑的個性，不妨利用彩妝的技巧，增加自己的女性浪漫魅力。而土向較為沉靜，可以利用彩妝更為突顯個人的獨特魅力，讓自己更為吸引人。火向星座的妳，則可以利用彩妝，讓自己較為積極的個性，進而轉為性感的魅力，水向星座的柔美特質，本來就很吸引人，不仿利用彩妝強化自己這部分的個性特質，將會更有魅力。

全球OL票選最愛
4大渡假勝地

擁有全球最多渡假村的Club med最新統計出
全球OL最愛的渡假聖地前4名：

〈資料提供：植村秀〉

1 如夢境般碧海藍天的 日本石桓島

2 充滿活力、熱情奔放的
印尼巴里島

朱正生

3 浪漫風情的
法國普羅旺斯

4 獨具建築特色的
北非摩洛哥

風向星座：
夢幻酡紅展現浪漫優雅

風向

　　陽光普照的普羅旺斯，是愛作夢的氣質名媛嚮往的渡假聖地，不論是薰衣草園還是葡萄園，除了利用紫色眼妝傳達浪漫情懷，偏紅色調的紅裸唇也是精采的點綴。紅裸色可呈現知性浪漫感。淡紫色打在眼頭，則增添浪漫的氣息。

強調眼妝，凸顯眼神的靈活表達感

由於風向的女生，都具有生動靈活的表達力，很自然的，別人都會將注意力，放在風向女豐富的肢體語言和表情上。而風向女生的妝感，也習慣是簡單、清爽型的，所以，可以將妝感重點擺放在眼妝上，讓人在聊天的過程中，會不自覺的被眼神所吸引。

眼妝以珠光眼影強調明亮感，眼睛的前端以粉桃色最為主色調，讓風向女性的眼神多了柔媚感。而眼睛的後端以深色眼影為點綴，這樣子的眼神會呈現上揚，更為強調風向星座的靈活表達感。

唇妝

　　為了搭配眼妝，唇妝可以粉紅色來強調清爽感，也會讓眼妝更為突顯。可以先以護唇膏打底，再塗上粉紅色的唇膏之後，唇部會呈現潤澤水感，更能顯現出女性的特質。

頰部

　　以橘色系的頰彩，輕輕上於頰部，讓頰部呈現自然健康透亮感，如此可以強調風向星座的活潑度，也可以讓粉嫩的妝感，多了一些俏皮的感覺。

火向星座：
運動女孩熱愛的陽光古銅

　　會選擇熱情巴里島的人，多數是屬於外向充滿活力的太陽系個性，因此建議使用豐富混搭的眼彩，襯托古銅色裸唇，展現陽光又性感的性格！

　　而銅裸色則可以呈現熱情又性感的微笑。眼妝以藍色暈染，混搭珊瑚紅以豐富的色彩展現活潑的個性。

強調唇妝，
讓性感魅力更為加乘

由於火向星座的個性都很鮮明，比較率性，妝感用色也很敢嘗試。可以利用妝感，讓自己的女性特質更加的明顯，讓火向星座的女性，除了給人家率真的印象之外，也能藉由強調唇妝，讓自己散發女性的性感特質。

可以棕色系的唇膏，強調出唇部的豐潤度，再層疊上金色的唇蜜，讓唇部更加耀眼；也可以用唇線筆輕輕的描繪出唇部的豐潤度，讓唇妝更為加分。

眼部

　　可以大地色系的眼影，讓火向星座原有的率真魅力也能維持。先以淺大地色系的眼影均勻上於眼窩處，再將較為深色的咖啡色系，上於眼摺處。

　　再使用眼影刷，將兩色均勻混合，最後再疊上略帶珠光的銀灰色，在豔陽輝映之下，眼部會呈現迷人的光采。

頰部

　　以古銅橘的頰彩，輕拍於頰部之後，再以深色的修容餅由太陽穴往臉頰處，輕輕刷拭，可以讓臉部輪廓更為立體。並能呈現日曬過後的健康肌膚感。

土向星座：
棕色調呈現獨立與自信

土向

選擇到獨具建築特色的摩洛哥渡假的女生，是充滿自信、勇於接受挑戰的個性！要呈現擁有個性的渡假妝，最適合金色與棕色堆疊，展現自信又奪目的夏妝。

以深橘色與黃色暈染於上眼皮，增加眼神俐落感，再使用粉紫色淡淡畫出下眼線，不失女性與生俱來的溫柔氣質。

強調頰妝，
突顯女性的婉約度

　　由於土向的女生天生比較
害羞，感覺比較不敢突破，化
妝上也略顯保守。為了讓自己
更有魅力，可以明亮妝感的色
系讓人家更為注意，讓妳在與
人交談之時，會散發出自然的
魅力喔。

　　以自然的膚色強調出膚質
的完美度，再以橘色系刷於臉
部兩側，增加臉部的立體感。

眼妝

眼部妝感以藕色為底色， 讓眼部的妝感明亮；再以金屬色系層疊上去，讓眼部呈現自然的光澤感。

唇妝

以金橘色唇蜜塗抹於唇上，讓唇部顯得豐潤健康。金橘色的唇蜜可以呼應金屬感的眼妝，來吸引人的目光。

水向星座：
粉裸色呈現溫柔氣質

水向

　　喜歡去日本石垣島的女生，通常個性比較溫柔文靜，適合粉嫩、暖色系的妝容。在碧海藍天裡、白色沙灘上，雙唇一抹粉裸色，是最適合溫柔名媛的夢幻場景。眼妝以橘色與粉紫色相互層疊暈染，加強深邃眼神又不失甜美。

朱正生

強調底妝，
展現女性的柔美氣質

　　水向星座是天生就有吸引異性特質的星座；加上很懂掌握時尚趨勢，懂得髮型、服裝的搭配變化，加上個性就屬女性味十足。

　　若讓自己強調肌膚的透亮度，整體妝感簡單，反而更吸引人。

眼妝

　　眼妝先以橘色系在眼窩打底，再利用粉紫色層疊在雙眼皮上，讓眼部有自然的深邃漸層感。讓人跟妳說話的時候，不會感受到壓迫，又充滿了吸引力。

唇妝

　　雙唇一抹粉裸色，讓原有的唇色被凸顯；粉裸色唇部，讓女性的柔美特質更加倍強調。如果想要唇形更為豐潤，可以加上唇蜜在唇部的中央處，讓唇形顯得更加的誘人。

Part. **4** 朱老師彩妝講座

許多人不知道，彩妝在臉部呈現的感覺，會影響到人家看妳的第一印象。如果擁有一個無瑕而純淨的妝感，很容易因為沒有威脅性，而讓人家更想接近妳。彩妝技巧不只能夠幫助妳更為美麗，更意外的會讓妳充滿自信，提昇運勢喔！

如何利用彩妝
達到開運整形的效果

很多人都藉著微整型來達到完美五官的比例，其實只要透過彩妝、利用微妙的線條變化、光影的陰暗面來加強輪廓，一樣可以擁有完美的五官，讓妳的運勢在不知覺中變得更好，也因為擁有自信，人緣也會變好喔！

朱正生

讓鼻子變得立體的彩妝

　　為了要擁有高聳的鼻子，以深色彩妝在鼻翼兩側加重是錯誤的方式。其實只要利用裸色系或添加珠光的底妝，稍微加強在正確的臉部位置，利用微微的光影變化，就可以讓五官變得立體深邃。

　　請將粉底液均勻上於臉部後，仔細以按壓的方式，修飾鼻翼兩側暗沉處。然後利用剩餘的粉底液，以按壓的方式加強鼻骨；鼻子是最容易脫妝的部位，藉由輕拍的動作可以讓妝感更為服貼。

1　以蜜粉輕輕的帶過鼻骨，幫助定妝。

2　再將剩餘的蜜粉輕輕的按壓，加強鼻翼兩側。

3　珠光蜜粉在手背輕輕的推開，輕刷於鼻翼，並加強鼻頭處。

4　輕輕的將淺卡其色上在接近鼻樑處、眉頭到鼻翼交接的凹槽處。

宛如貴氣名媛般的小臉彩妝

　　如果想讓自己看起來有著貴婦般的氣質，可以藉由彩妝品，來有效的呈現。如果想要臉型變得更小，一定要使用正確的彩妝品。

　　不當的使用修容餅，有時候並不能達到小臉的效果，要端看個人的臉型來調整使用方法。例如長臉型的人，反而要將修容餅使用在下巴以及額頭的位置，才能將臉型確實的縮小喔。

1　上完底妝後，將深色與淺色的粉底，以1：2的比例調和，以做修飾。

2　視個人的臉型將調和過的粉底液，塗在需要修飾的部位；臉頰兩側的部位點上粉底液之後，由外側往內推。然後將剩餘的粉底液，薄薄的一層上於脖子。如果是長型的臉型，可以上於下巴之後往內推。

3　以長形臉型為例，選擇有光澤感的產品，打在眉骨、眼下三角、以及臉頰兩側，這樣可以讓臉型有縮小感。

4　最後，全臉均勻的壓上蜜粉，脖子也不要忽略，讓修飾過後的底妝更能融合。

豐唇彩妝

　　要讓唇部看起來豐滿，除了定時的去角質，擦足量的護唇膏之外，可以選擇唇蜜塗於唇部中央處，會讓唇部有豐潤感。

1　將唇部塗滿厚厚的護唇膏，並以畫圈方式按摩。

2　利用吸油面紙按壓唇部，先將唇膏塗抹於下唇處。

3　再將唇部抿開，讓唇膏顏色均勻沾附於上唇。

4　利用唇刷，修飾唇型，並將唇膏塗抹均勻。

5　沾取適量的唇蜜，塗抹唇部的中間，立即變得豐潤。

如何利用修容技巧
完成無暇美妝

　　大家應該都懂得利用衣服修飾身型這項常識；而我們
全身上下最重要的臉龐，也可以利用彩妝的小技巧，巧
妙的修飾法令紋、疲勞的黑眼圈或是令人在意的痘疤，
變身為無暇美人。

朱正生

修飾眼周黯沉，提昇運勢

　　厚重的遮瑕霜，反而會讓眼下的瑕疵顯得更加明顯，應該要利用輕薄的底妝修飾，才會讓妝感更加薄透。

1　　上完底妝之後，使用橘色的遮瑕膏，輕輕的按壓於眼部下方。

2　　眼袋凹進去的地方，塗上薄薄的淺色遮瑕膏推開。可以藉由光的反射，修飾凹進去的眼袋處。

3　　眼尾利用淺色遮瑕膏由下往上推開，可讓眼形輪廓上揚。

4　　利用微量的橘色遮瑕，提高眼部的明亮度。

5　　以粉餅輕輕按壓之後，再以膚色或是帶珠光的蜜粉，用刷具在眼下輕輕的刷過。

修飾痘疤

　　有痘疤肌膚問題的美人兒，可以利用輕薄的底妝做為改善，會讓妳的肌膚有變好的錯覺。

1　先將粉底液和使用的遮瑕膏各1/2的量均勻混合。

2　輕點於有痘疤的位置之後，以手指將遮瑕霜推開，輕輕的以手溫推均勻。

3　將剩下的遮瑕霜，利用筆刷輕輕按壓在塗抹過的痘疤上，也可以藉由這步驟，讓遮瑕品更為服貼。

4　將粉底液在手上推開之後，塗抹於臉上。

5　利用蜜粉刷輕輕的將蜜粉刷至臉上，讓底妝妝感更為一致。

修飾法令紋、細紋，增加人緣

　　利用光澤感較薄透的底妝質地，來巧妙的修飾法令紋。並開始使用保濕以及抗老的產品，讓自己的肌膚年齡更為降低。

1　以眼霜輕輕的按摩眼部，增加眼周的循環，可以讓細紋較不明顯。將乳液和遮瑕膏在手上輕輕混和，增加遮瑕膏的保濕度。

2　以指腹沾取遮瑕膏，均勻的輕壓上於眼部。

3　使用粉餅先在手上按壓後，輕撫過眼部。

4　在上妝前，以滋潤性較高的保養品，針對法令紋的部位加強按摩，讓保養品的成分確實滋養肌膚。

5　法令紋的遮瑕霜只要薄薄的一層就好，以按壓的方式，才不會讓法令紋更為明顯。

6　利用有光澤的蜜粉，輕輕刷過臉部，可以修飾法令紋以及細紋。

如何畫出
適當的眉型

我們在形容一個人自信亮麗時常用的一個詞句就是「眉飛色舞」，這句話點出了：適當的眉型，可以表現出每個人的情緒與自信。只要把握基本訣竅，將眉毛的線條修成往上飛揚，也就是眉頭低、眉尾高，有讓臉部整體線條產生往上拉提、讓其他下垂的皺紋變得更不明顯的神奇效果喔。

怎麼化都美的眉型

描繪眉型時，應將整體弧線最高處定在眉峰。

如何抓出眉峰位置呢？請以黑眼珠至眼尾中間為準，接著從此位置，使用眉筆由眉峰前約兩公分的位置，開始描繪到眉尾，眉頭部位省略，才不會太過剛硬，失去優雅感。

若膚色暗沉者一旦使用深棕眉色，可能會讓眉妝不出色！這時可以利用透明眉毛定型液再次梳整讓眉色明亮，並藉由挑起眉頭處眉毛，讓眉型不死板。另外，也可藉著透明眉毛液增加其光澤度，製造眉毛的輕盈感。

如何讓稀疏型眉更豐厚

眉毛較稀疏者，要先將眉毛前段（即眉頭到眉峰）上下處的雜毛修剪整齊，讓眉形感覺集中。

接著利用眉筆描繪出較清晰的眉型。

最後再以眉粉定型，打造自然豐厚眉妝。

如何讓濃型眉更為柔和

眉毛較濃密的人，眉筆以斜角輕輕描繪眉峰至眉尾。

並稍微拉長眉型，刻意保留眉頭位置，讓濃型眉較為柔和。

再利用深棕眉染眉膏，均勻從眉頭刷至眉尾，並刻意挑起眉頭處眉毛，為濃眉型的眉妝增添一點男孩子氣的俏皮感。

不脫妝的技巧

除了能夠畫出完美的彩妝外，一定很多人會問：該如何讓妝感更為持久呢？學會了前面實用的彩妝技巧之後，別忘了要好好學習以下教妳「不脫妝」的撇步，讓妳在上了一整天的班或在party人群裡穿梭自如後，依舊美麗動人。

眼妝不脫妝小秘訣

■ Make-up skill ■

妝前務必先確定眼皮是乾燥且無油分的，然後，透過眼影底膏產品先行打底，可以讓後續眼彩更為飽和；而屬於油質性眼影底膏商品，也可以防止因為出汗造成的眼部脫妝現象。再來，建議妳利用膏狀眼影搭配粉狀眼影的上妝方式，讓眼影更為服貼之餘，也可再次防止脫妝！另外要注意的是，有些人眼妝會容易暈染，其實是因為於妝前擦了過多的眼霜，造成眼妝糊掉的反效果，因此，建議妳選擇眼霜時，請以產品質地乾爽、並含有防曬係數者為首選。

■ How to Apply ■

以眼影底膏先在眼窩打底，除了可以消除眼部的暗沉感以外，也可以讓後續的眼影更加顯色持久。

選擇自己喜愛的膏狀眼影於眼窩上塗勻，並透過海綿稍微按壓，可抑制肌膚出油現象，防止眼皮出現尷尬線條。

使用同色的眼影粉，一樣上於眼摺處後按壓上色，透過這樣的手法，讓眼影不會因為出油或流汗而掉色。

上眼頭往眼尾描繪上防水眼線筆，黑眼球上方刻意的加粗一點點，不但可以增加眼神深邃度，就算最後眼影都掉色，眼線還是可以讓妳看起來神采奕奕。

頰妝不脫妝小秘訣

■ Make-up skill ■

　　如果想要讓兩頰不脫妝，建議可以透過油性質地的唇膏來取代一般粉狀腮紅當頰彩。因為唇膏裡含有蠟質成分，具有防水的特性，可以讓頰部彩妝更為持久！加上唇膏與肌膚密合性極高，甚至會比使用膏狀腮紅來得持久。此外，唇膏保濕度高，又含有光澤，能夠營造自然透出的好氣色腮紅！

　　當然妳也可以於上妝前於兩頰處使用控油產品，也可以延緩肌膚脫妝的速度。不過，若妳還是習慣使用粉質腮紅者，也是可以利用一支好的腮紅刷，藉由刷毛增加粉妝與肌膚的貼合度，減少脫妝現象。

■ How to Apply ■

　　白皙肌膚者，建議選擇粉色調的口紅，而健康膚色則可利用橘色襯托膚色。

　　選定色彩後，先將口紅均勻塗在手背上。以指腹均勻點在笑肌點三點，形成一個三角形。

　　再透過指腹以順時針方向將腮紅塗抹均勻，如果覺得顏色略顯不足，可以微量增加唇膏使用量。

　　最後在臉頰兩側，輕輕按壓蜜粉，固定頰彩之餘，也可減少脫妝機會。

底妝不脫妝小秘訣

■ Make-up skill ■

如果想讓底妝更持久，可以選擇具有控油效果的粉底液。先用粉底刷順著肌膚紋理的方向慢慢地向上推，藉此讓粉底深入肌膚紋理，比較不會出現浮粉現象；接著，再以海綿按壓的方式讓粉底更服貼，透過這樣的動作，妝感也更為薄透。如果是出油嚴重的肌膚，還可以再壓上一層蜜粉，以抑制肌膚油脂分泌，達到定妝的效果。千萬不要因為害怕出油，而使用過量的底妝，當厚重的粉混合上出油的肌膚，反而會讓妝感變得暗沉。

■ How to Apply ■

上妝前，先在T字部位、兩頰、下巴等處，拍上收斂水或是能夠控制油脂分泌的保養品，讓後續底妝持久。

如果想要底妝較服貼肌膚，可以將具有防曬係數的粉底液與保濕型的粉底液在手背上先行調和。

以刷具在臉部輕柔由下往上刷至太陽穴處停止。

最後，選擇定妝噴霧，距離臉部約20公分，採取左右快速移動的手勢均勻噴上，再以面紙輕貼臉龐，帶走過多的水分。

唇妝不脫妝小秘訣

■ Make-up skill ■

　　如果要讓唇部彩妝更為持久，建議先透過唇線筆上滿雙唇，進行打底的動作；因為唇線筆柔軟的產品質地，可以很容易的深入唇紋，除了讓唇型更為豐潤之外，還有為唇膏定色效果。但是因為要透過唇線筆先進行打底，所以妳需要搭配護唇膏先滋潤雙唇後，才不讓唇紋更明險，讓唇膏更緊密地附著於唇部。透過這樣重複上色的上妝技巧，唇妝將會更持久、誘人！

■ How to Apply ■

　　利用具滋潤功效的護唇膏，以螺旋方式於唇部按摩塗擦；若唇部過於乾燥者，甚至可搭配唇膜加強保養。

　　選擇筆芯柔軟的膚色唇線筆，先於唇周勾勒輪廓，再進一步將唇部均勻塗滿上色。

　　再次透過指腹將唇線筆上色部位，輕輕按壓均勻，以利後續唇彩上色及持久。

　　最後於唇部中心點塗上唇蜜，透過油性質地的唇妝產品幫助定妝，並增加雙唇光澤度。

如何利用不同彩妝色彩營造渡假感

在忙碌的生活中，妳一定常覺得千篇一律的日子過得很沒勁吧？就像看心情穿衣服一樣，我們可以利用彩妝，讓自己彷彿沈浸在渡假時的優閒感，也能展現自己從容不迫的美麗自信，也是一種不錯的放鬆方式喔。

朱正生

豔夏沙灘妝

其實，妳可以透過彩妝讓自己健康性感。在和煦的陽光輕撫，蔚藍色的彩妝會讓妳在海水的映襯下更加的迷人清新。古銅色的肌膚映襯著光澤感的裸唇，自然的沙灘妝，讓妳充滿了吸引力。

■ Make up skill 1：眼部 ■

先用遮瑕膏以指腹沾取後，輕輕塗抹於眼皮，提高眼皮的亮度。接著將金色的眼影塗抹於眼窩，讓眼皮有著細緻的光澤感。以自然而帶吸引力的土耳其藍眼線從眼頭畫至眼尾，也可以利用藍色的眼影沾水替代眼線，讓眼睛感覺清爽的深邃感，這是一定不能省略的重點。如果覺得藍色眼線不夠顯色，可以利用咖啡色眼影加強內眼線以及下眼尾1/3處，可以讓眼睛更加的明亮。

■ Make up skill 2：頰部 ■

為了營造健康性感的古銅肌膚質感，可以在底妝的選擇上略帶咖啡色系。上妝時由臉部最大的範圍頰部由下往上輕

撲，再將剩餘的粉末帶到額頭以及臉部其他部位；要均勻的
上妝，讓底妝輕透。如果想要小麥色肌膚質感更加的明顯，
也可以使用仿曬膠改變膚色。這樣子呈現的肌膚質感會讓人
感覺有氣色且迷人。

　　也可以使用適量的深色粉底打在頰部以及顴骨處，可以
讓臉部的輪廓更加的深邃。最後，利用帶金色的粉末大範圍
的刷在臉部，可以讓肌膚呈現透亮的光澤感。

■ Make up skill 3：唇部 ■

　　完美的唇妝，應該呈現光澤感；飽滿的唇型會相對讓妳
充滿了魅力。唇部豐滿者，可以利用裸色的唇蜜，將唇部整
個塗滿；唇部偏薄者，可以利用淺色唇線筆畫出唇線，再塗
上唇蜜。為了襯托略帶性感的眼妝，潤澤漂亮的唇色絕對是
關鍵。記得為了避免脫妝，要選擇防水略偏油性的唇彩，並
塗抹均勻。

名媛風渡假彩妝

名媛妝感重點在於眼部，建議利用漸層的粉紅色暈染，完成粉色調煙燻妝。頰部維持淡淡的紅暈，唇部利用粉嫩色系妝點，可以將整體的妝感維持粉紅色的光澤感，呈現低調的典雅感。

■Make up skill 1：眼部■

很多人畫了粉紅色會有眼皮浮腫的問題，所以要用明亮的色彩畫出迷人、甜美的眼眸。利用小煙燻的畫法最能呈現內斂獨特的氣質。眼皮利用粉底液打亮之後，將粉紅色塗勻於眼窩，呈現略帶戀愛滋味。接著，以粉紫色的眼影畫於眼摺，並往後暈染接近眉尾處，增加眼睛深邃感。再將粉膚色的眼影畫於眼頭，並向上接近眉頭處暈染，強調眼型並呈現簡單、低調奢華感。

■ Make up skill 2：頰部 ■

　　為了呼應櫻花粉嫩感，並搭配頰部呈現粉嫩的質感，一定要讓底妝的質感輕透自然。可以將粉撲以頰部為中心往臉頰兩側延伸，越往臉頰兩側越薄透；再利用粉紅色的腮紅，以圓形的畫法，畫於靠近下眼瞼處。粉嫩的腮紅可以襯出底妝的輕透感，展現肌膚自然透出的好氣色。

■ Make up skill 3：唇部 ■

　　為了更突顯粉嫩妝的不同層次感，可以先利用透明的唇蜜打底，再將粉橘色口紅整體塗勻，最後塗上桃紅色色系，在中心點綴；利用較顯色的桃紅色唇蜜上於唇部中央，這樣子會有自然感的嘟嘟唇形，卻又不至於產生太鮮明的妝感。

如何利用眼影
完成不同風格的煙燻妝

最後，要教大家利用怎麼淺色或漸層的感覺來營造煙燻妝感，讓妳有名模般的立體輪廓。此處主要是利用大片暈染色塊式畫法，從眼尾畫至眼頭，眼頭再以淺色打亮，讓眼妝呈現出層次感，並刻意將紫色放在下眼線，營造復古奢華感眼妝。

朱正生

如何完成立體感煙燻妝

■ Make up skill 1 ■

　　利用深色眼影作為暈染用色，保留煙燻妝的深邃感，並利用深色眼線內藏於眼瞼中。

1 在眼摺處以筆刷沾取灰藍眼影膏，在眼摺處打底；再利用手指或是筆刷，將灰藍色眼影膏的線條外圍暈染，會讓眼睛有深邃感。

2 沾取灰藍色眼影再次刷於眼摺處後，並往上延伸至眼窩處，讓顏色更加顯色、有漸層感。

3 再以淺藍色眼影，按壓於眼頭前半部，與後面的灰藍色塊形成漸層感。

4 下眼線以黑色眼線膠，從眼下中段往後上揚描繪至眼尾處，製造復古感。眼頭畫上淺藍色眼影，延伸到下眼線前端1/2處。

5 眼妝全部完成後，建議再以指腹輕壓模糊掉線條交界感。記得最後要加上一道內眼線，讓眼型不會因為金屬光澤顯得浮腫。

■ Make up skill 2 ■

可以利用金屬感眼影、透過片狀暈染方式表現於眼周，藉由這樣的上色手法，會讓人輪廓加深，顯現出異國調的煙燻妝感。

1 將金屬感眼影以暈染方式，刷於眼窩，增加眼睛深邃感。

2 並利用金色眼影從眉骨畫至眼尾，可讓眼妝更顯純淨。

3 利用咖啡色眼線從下眼頭畫至眼尾，上下眼尾交接處記得要補滿，才能利用眼影將眼型拉長，臉型也會有縮小的效果。

4 將金色眼影上於眼頭呈現C型，打亮眼頭、並將餘粉帶至眼尾。

5 沾取咖啡色或黑色的眼影，從眼頭畫至眼尾，打造隱約的上眼線，讓眼型增加深邃感。

如何完成奢華感煙燻妝

1　以粉紅色眼影從眼頭開始刷滿整個眼窩處打底，讓眼周不顯暗沉。

2　利用紫色眼影從眼尾往回刷至眼中，並從眼摺處輕輕往上暈染，範圍只限於眼睛後半部。

3　利用深紫色眼影或眼線筆，畫出約0.1mm的眼線寬度，到眼尾處順勢上揚。

4　同樣利用深紫色眼影或眼線筆，從下眼頭畫至眼尾並連結上眼線，將眼睛整個框住。

5　為使明顯的下眼線模糊掉，可以深紫色眼影刷於下眼瞼處，刷拭範圍需超過睫毛。

6　最後利用眼影刷上的紫色餘粉，沿著上眼線尾端部分順勢往上拉，增加眼神柔媚感。切記，此時千萬不可以再沾眼影粉，會將眼妝弄髒。

portfolio

顛覆妳對
粉底的想像…

純粹天然的礦物粉底：
粉底般細緻遮瑕，空氣般輕透無感。

全新
完美吻膚 親肌系
—— 晶礦蜜粉底-
true match
—Mineral Powder-

- 含95%天然礦物晶粉
- 無香精、無防腐劑、無油脂
- 不堵塞毛孔
- 無須再上粉底液及蜜粉
- SPF19物理性防曬

xantia

魔力珍珠蜜粉餅
Perfect Finish Cake

魔力珍珠蜜粉餅，輕盈纖細的粉粒子，
親膚性高，效果服貼，能自然地修飾黯沉
不勻的膚色，明亮妳的肌膚，
讓妳呈現出自然透明的完妝效果。
添加極細緻珠光的珍珠蜜粉餅，智慧型
偏光粒子，能加強臉部肌膚光澤感，
呈現出透亮白皙的好膚質，而且兼具保養的
功效，讓妝感散發出珍珠般的光朵，
吸油、補妝、上妝一次完成！兩頰乾燥，
T字部位油膩的妳，能使妝容維持一整天的
服貼與自然淡淡玫瑰香讓一整天都
有好心情。

魔力珍珠蜜粉餅
珍珠般的光耀美肌
Perfect Finish Cake

| 2AGS-635 | 2ARS-215 | 2ASS-212 | 2ASS-618 | 2ASS-626 | 2AVS-607 |

桑緹亞・玫瑰

消費者服務專線：0800-471210　www.xantia.com.tw